# 机械加工技术基础实训指导书

陆人华　主　编

电子工业出版社·
**Publishing House of Electronics Industry**
北京·**BEIJING**

# 内 容 简 介

本书共 8 个项目，主要包括车工实习、铣工实习、钳工实习、焊工实习、铸造实习、激光切割实习、3D 打印实习、数控车床实习。本书将实践技能训练、工艺实践、工艺分析、任务驱动等内容融为一体，在综合练习中设置评分标准，便于学生自评、互评和教师评价。

本书可作为应用型本科院校、高等职业院校的机械加工技术基础实训教材，也可作为相关技术人员的参考用书。

**图书在版编目（CIP）数据**

机械加工技术基础实训指导书 / 陆人华主编.

北京 ：电子工业出版社，2024. 10. -- ISBN 978-7-121-49039-2

Ⅰ．TG506

中国国家版本馆 CIP 数据核字第 2024PN1074 号

责任编辑：王艳萍　　文字编辑：张　彬
印　　刷：中煤（北京）印务有限公司
装　　订：中煤（北京）印务有限公司
出版发行：电子工业出版社
　　　　　北京市海淀区万寿路 173 信箱　　邮编 100036
开　　本：787×1 092　1/16　印张：10.25　字数：275.5 千字
版　　次：2024 年 10 月第 1 版
印　　次：2024 年 10 月第 1 次印刷
定　　价：35.00 元

# 前　言

党的二十大报告指出："要办好人民满意的教育。""全面贯彻党的教育方针，落实立德树人根本任务，培养德智体美劳全面发展的社会主义建设者和接班人。"

本书编写过程中坚决贯彻党的二十大精神，以学生的全面发展为培养目标，融"知识学习、技能提升、素质培养"为一体，严格落实立德树人根本任务，在项目中提出素质培养目标，并落实到项目考核中。

机械加工技术基础实训是机械类和非机械类各专业重要的实践教学环节，课程的教学目标是通过基本技能、先进的现代制造技术的训练，使学生获得机械加工制造的知识和技术，提高工程实践素质，了解制造概念的意义，养成工程意识，认识企业经营管理、质量管理、环境保护等在机械制造过程中的作用，以及对现代生活产生的影响。

本书共 8 个项目，主要包括车工实习、铣工实习、钳工实习、焊工实习、铸造实习、激光切割实习、3D 打印实习、数控车床实习。这些内容虽只是机械制造内容的一小部分，但具有典型性，能帮助学生学会且深刻理解所学内容，起到举一反三、事半功倍的效果。

本书的实习图样（未标注的单位为 mm）大多是教师长期实践积累下来的，具有趣味性和艺术性，有助于激发学生的学习主动性，提高学生的学习兴趣。每个项目的综合练习有助于培养学生学习工艺知识、掌握基本操作技能，学生自评、互评和教师评价对学生认识自我、提高自我也有一定的促进作用。

本书由浙江机电职业技术学院长期从事实践教学的陆人华主编。陆人华负责编写导学，以及项目一、项目五、项目六、项目七、项目八和各项目中的综合练习及统稿；方海生负责编写项目二；葛建华负责编写项目三；华钱锋负责编写项目四；参与编写的还有吴兴、顾其俊、宋文侃。本书还参考了一些仪器使用说明书。

由于编写时间和编者水平有限，疏漏之处在所难免，敬请读者批评指正。

编　者

# 目　　录

# 导　　学

## 0.1　安全文明操作规程

### 0.1.1　操作各种机床的共同守则

（1）在操作前，必须穿戴好防护用品（如扣紧衣扣、扎紧袖口、戴上工作帽等），不准穿裙子、短裤、背心、拖鞋、凉鞋、高跟鞋或围围巾、戴手套工作，以免衣物被卷入机床的旋转部分，造成事故。

（2）在未了解机床的性能和未得到指导教师的许可前，不得擅自操作。

（3）开车前必须检查下列事项。

① 机床各旋转部分的润滑情况是否良好。

② 主轴、刀架、工作台在运转时是否受到阻碍。

③ 防护装置是否已盖好。

④ 机床上及其周围是否堆放了有碍安全的物件。

（4）装夹刀具及工件时必须停车，装夹的刀具及工件必须牢固可靠。

（5）不得把刀具、工件及其他物件或用具放置在机床导轨或工作台台面上。

（6）刀具和工件接触时，必须缓慢小心，以免损伤刀具和发生事故。

（7）开车后应注意下列事项。

① 不要用手去接触工作中的刀具、工件或其他运转部分，也不要将身体靠在机床上。

② 如遇刀具或工件破裂，应立即停车并向指导教师报告。

③ 进行切断工件操作时，不要用手去抓将要切断的工件。

④ 禁止用手直接清除切屑，应该用专用钩子或刷子清除。

⑤ 禁止在机床运行时测量工件的尺寸或探视机床、添加润滑液等。

⑥ 如出现电动机发热、噪声增大等不正常现象或发现机床出现"麻电"现象时，应立即停车并向指导教师报告。

（8）两人及两人以上同时操作一台机床时，需密切配合（只允许一人操作），开车前应打好招呼，以免发生事故。

（9）离开机床或因故停电时，应随手关闭机床的电源。

（10）工作完毕，必须整理工具并做好机床的清洁工作。

### 0.1.2　车工实习安全文明操作规程

#### 1. 安全生产的基本要求

（1）工作时，操作者要穿工作服，袖口要扎紧；要戴工作帽，长发应塞入帽子里。

（2）在车床上工作时，严禁戴手套，进入车间生产区域时必须穿工作鞋。

（3）调换刀具时必须在停车、刀架远离卡盘后进行，以免碰伤手指。

（4）刀具和工件必须夹紧后才能进行加工。

（5）装夹工件时，机床转速必须打在空挡，夹紧工件后必须立即取下三爪卡盘扳手。

（6）工作时，操作者的头不能靠工件太近，以防铁屑伤人。如果铁屑细而飞散，则必须戴上防护眼镜。

（7）操作者的身体不能靠近正在旋转的车床主轴和工件；不准在车床附近嬉笑打闹；车床开动时不要用手去摸工件，更不能测量工件；不可用手去刹停转动的卡盘。

（8）不可用手直接清除切屑，必须用专用钩子或刷子清除。

（9）不要随意拆装电气设备，以免发生触电事故。

（10）若工作中发现车床电气设备出现故障，应及时申报检修，未修复不得使用。

**2．文明实习的基本要求**

（1）培养学生端正的实习态度，遵守劳动纪律。

（2）刀/量具等工具的摆放要整齐合理，便于操作时取用和放置。工具箱内的工具应分类布置。各物件应固定位置，精度高的应放置稳妥，重物放下层、轻物放上层，不可随意乱放，以免物件损坏或遗失。

（3）不允许在车床导轨上、卡盘上敲击或校直工件，床面上不准放置工具或工件，装夹、找正较重的工件时，应用木板保护床面。

（4）开车前检查车床各部件机构及防护设备是否完好，各手柄位置是否正确；启动后，应使主轴低转速空转 1～2min，使润滑油散布到各处，待车床运转正常后才能工作。

（5）主轴变速时必须停车，变换进给箱手柄要在低速时进行；为保持丝杠的精度，除车螺纹外，不得使用丝杠进行进给。

（6）使用切削液时，应在车床导轨上涂润滑油；车削铸件、气割下料的工件时，应擦去导轨上的润滑油，以免损坏车床导轨。冷却泵中的切削液应定期更换。

（7）车刀磨损，应及时进行刃磨。

（8）工作完毕，应清除车床上及车床周围的切屑和切削液，擦净车床，按规定在加油部位加润滑油，将床鞍移至尾座一端，保证各传动手柄在空挡位置，关闭电源。

（9）图样、工艺卡应置于便于阅读处，并保持清洁。

## 0.1.3　铣床实习安全文明操作规程

（1）铣床机构比较复杂，操作前要熟悉铣床性能及操作调整方法。

（2）铣床运转时不得调整铣削速度，如需调整，则必须先停车。

（3）注意铣刀转向及工作台的运动方向，一般只准学生用逆铣法。

（4）快速移动铣床使其靠近工件时，应在刀具与工件相距 10mm 处停止，以免相撞。

（5）铣完一个工件面后应及时把锐角锉钝，将毛刺锉去，以免割伤手或夹固不准。

（6）装夹或测量工件时必须摇出工件，并在停机后进行。

（7）当工件和铣刀相距 10mm 时，启动铣床，禁止用静止的铣刀对刀或与工件相碰。

（8）严禁用榔头或工件敲击机床的任何部位，不得把垫铁当榔头使用。

（9）铁屑用刷子扫除，禁止用嘴吹，以免飞入眼中。

（10）夹紧工件时不得用榔头敲紧扳手，以免损坏平口钳的丝杆和螺母。夹紧工件后应随手取下扳手。

## 0.1.4　刨床实习安全文明操作规程

（1）工作时，禁止站在工作台前方，以防切屑与工件落下伤人。

（2）禁止从滑枕正前方探视工件，以免滑枕运动时碰伤头部。

（3）安装、测量工件时，应先停机并将工件推出刨削区。

（4）开动机床时，要前后照顾，避免机床碰伤人或损坏工件和设备。开动机床后，不允许擅自离开机床。

（5）工作结束，应将牛头刨床的工作台移到横梁的中间位置，并紧固工作台前端下面的支承柱，使滑枕停在床身的中部。

（6）刨刀必须牢固地夹在刀架上，不能装得太长，吃刀不可太深，以防损坏刨刀，当吃刀困难时应立即停机。

（7）刨床启动后，不可用手触摸刨刀和工件。

## 0.1.5　磨床实习安全文明操作规程

（1）开车前要检查磨床各运动部分的保护装置，不允许在没有砂轮护罩的磨床上工作。

（2）砂轮的旋转速度很快，故安装、紧固、使用时要处处小心。

（3）在拆装工件或搬动附件时要拿稳，切勿使用物件敲击台面或碰撞砂轮，特别注意防止手或手臂碰到砂轮。

（4）在将砂轮引向工件时应当非常均匀和小心，避免冲撞。

（5）在校正台面或拆装工件时要先退出砂轮（注意进退的方向）。

（6）应根据工件材料、硬度及磨削要求合理选择砂轮。使用新砂轮前要用木槌轻敲，检查其四周是否有裂缝，如有裂缝，禁止使用。

（7）磨削工件前，应先开动机床，空运转时间一般不少于 5min，然后进行磨削加工。在磨削加工过程中需要停车时，必须先停止进给再退出砂轮。

（8）在加工过程中，要将工件擦干净，倒毛刺后放到工作台上。电磁吸盘通电后，应检查工件是否被吸牢，如果没被吸牢，则不能开启机床进行磨削加工。

（9）取工件之前要查看砂轮是否停止转动，如果没有停下来，绝对不允许动手取工件。另外，砂轮如果没有停止旋转，则不允许擦拭工作台，特别是不允许用棉纱擦拭，更不允许在工作台上放置任何东西。

（10）对刀和垂直方向的进给深度不宜超过 0.04mm，以防过载而使砂轮爆裂或烧毁电机。

## 0.1.6　钳工实习安全文明操作规程

### 1.　在钳桌上工作

（1）必须牢固地将工件夹在台虎钳上，夹小工件时必须当心手指。

（2）转紧或放松台虎钳时，必须提防打伤手指及跌落工件，以免伤人伤物。

（3）不可使用没有手柄或松动的锉刀与刮刀。遇锉柄松动时，必须将其撞紧，但切不可用手握刀进行撞击。

（4）不得用手去挖剔锉刀里的切屑，也不得用嘴去吹，应该用专用的刷子清除。

（5）使用手锤时应检查锤头装置是否牢固，是否有裂缝或染上油污。挥动手锤时必须选择挥动方向，以免锤头脱出伤及他人。

（6）锤击凿子时，视线应该集中在凿切的地方。凿切工件的最后部分时要轻轻锤击，并注意断片飞出的方向，以免伤害自己和他人。

（7）使用手锯割料时，不可用力重压或扭转锯条，材料将断时应轻轻锯割。

（8）铰孔或攻螺纹时，不要用力过猛，以免折断铰刀或丝锥。

（9）禁止用一种工具代替其他工具使用，如用扳手代替手锤，用钢皮尺代替螺钉旋具，用管子接长扳手的柄等，否则会损坏工具或发生事故。

（10）锯条不能装得太紧或太松，如果锯条拉力大，那么锯条容易折断后飞出伤人，由于锯割的惯性，人也容易碰到工件。

（11）工件快被锯断时，压力要轻，速度要慢，必须用手扶着被锯下的部分，避免工件落下时砸在脚上。

（12）应经常检查工件加工余量，以防零件报废。

（13）应及时清除锉齿中的切屑。

（14）夹持工件时要夹好、夹正、夹紧，但不能变形。

（15）不用无柄锉刀，锉刀放在钳台上时，锉柄不能露在钳台外，也不能重叠安放。

（16）要正确使用手工工具，禁止使用装配不牢固或存在缺陷的工具，禁止野蛮操作。对于管制范围内的工具，应妥善保管。

**2．在钻床上工作**

（1）未经指导教师同意不得任意变更钻床速度；调整速度时，必须先停车，再用手小心移动皮带或变速箱的手柄。

（2）禁止用手握住工件进行钻孔，应将工件紧固在台虎钳中，并用压板固定在工作台上。

（3）孔将要被穿透时应十分小心，不可用力过猛。

（4）钻孔时如发现中心不对，不能用强拉钻台的方法来校正。

（5）钻削加工过程中严禁用手直接清理铁屑；钻床主轴停转过程中，严禁手握钻夹头实施制动。

**3．使用砂轮机工作**

要使用砂轮机磨刀具，必须先征得指导教师的同意。

（1）工作前应检查砂轮机的罩壳和托架是否稳固，砂轮是否有裂缝，不准在没有罩壳和托架的砂轮机上工作。

（2）刀具不能在砂轮上压得太重，以防砂轮破裂后飞出。

（3）在砂轮机和钻床上作业时，严禁操作者戴手套，也不允许用缠绕物包裹工件。

（4）用砂轮机磨削工具或工件时，严禁操作者正面朝着砂轮；磨削时不可撞击砂轮或施加过大的力；更不能因为磨削时工件温度过高而松手，以免发生重大事故。

（5）砂轮机的砂轮表面因不平而跳动幅度过大时，应及时对其进行修正。

## 0.1.7　焊工实习安全文明操作规程

### 1．共同守则

（1）焊接场地禁止存放易燃、易爆物品，应备有消防器材，保证足够的照明和良好的通风。

（2）在操作场地 10m 内，不应存放油类或其他易燃、易爆物品（包括有易燃、易爆气体产生的管线）。

（3）工作前必须穿戴好防护用品，操作（包括打渣）时，所有工作人员必须戴好防护眼镜、面罩，应扎紧袖口、扣紧衣领。

（4）在缺氧危险作业场所及有易燃、易爆挥发物气体的环境，设备、窗口应事先置换、通风。

（5）电焊机接零（地）线及焊接工作回线都不准搭在易燃、易爆的物品上，也不准接在管道和机床设备上；工作回线应绝缘良好，机壳接地必须符合安全规定。

（6）电焊机的屏护装置必须完善，电焊钳把与导线连接处不得裸露，接线头应牢固。

（7）遵守《气瓶安全技术规程》有关规定，不得擅自更改气瓶的钢印和颜色标记。严禁用温度超过 40℃ 的热源对气瓶加热，瓶内气体不得用尽，必须留有剩余压力：压缩气体气瓶的剩余压力应不小于 0.05MPa，液化气体气瓶应留有 0.5%～1.0% 规定充装量的剩余气体。气瓶应立放，并采取防止倾倒措施。

（8）工作完毕，应检查焊接工作地情况，包括相关二次回路部分，无异常情况后切断电源，灭掉火种。

### 2．手工电弧焊安全技术和文明生产

（1）防止触电。工作时应先检查电焊机是否接地，电缆线、焊钳是否完好，操作时应戴防火、隔热手套，穿绝缘胶鞋或站在绝缘底板上。操作时，操作者的身体不要靠在铁板或其他导电物体上。

（2）防止弧光伤害。电弧发射出的大量紫外线和红外线对人体有害，操作时必须戴好手套和面罩，穿好套袜等防护用具，特别要防止弧光刺伤眼睛。

（3）防止烫伤。刚焊完的焊件温度很高，若要搬动，需用手钳夹持搬动；敲焊渣时应注意焊渣飞出去的方向，以防伤到人。

（4）保证设备安全。不得将焊钳放在工作台上，以免因短路而烧坏电焊机，发现电焊机或线路发热烫手时，应立即停止工作。操作完毕或检查电焊机及线路系统时必须拉闸断电。

（5）更换焊条时一定要戴皮手套，不得怠于操作。

### 3．气焊安全技术和文明生产

进行气焊、气割操作时，除了应防止弧光伤害和烫伤等（安全注意事项与电弧焊相同），还应注意以下四点。

（1）氧气瓶不得撞击和高温烘晒，不得沾上油脂或其他易燃物品。

（2）乙炔气瓶和氧气瓶要隔开一定距离放置，在其附近严禁烟火。

（3）焊接处距氧气瓶、乙炔气瓶不得小于 10m。

（4）点火时应使用电火枪，焊炬、割炬口严禁对着人。

### 4．乙炔气瓶的安全使用

（1）乙炔气瓶在使用、运输、储存时必须直立固定，严禁卧放或倾倒，应避免剧烈震动、碰撞，运输时应使用专用小车，不得使用吊车吊运，环境超过 40℃时应采取降温措施。

（2）使用乙炔气瓶时，一把焊炬配置一个回火防止器及减压器。

（3）操作者应站在阀口的侧后方，轻缓开启，拧开瓶阀时不宜超过 1.5 转。

（4）瓶内气体不能用完，必须留有余压，余压不能小于 0.05MPa，具体视环境温度不同而有所不同。

（5）焊接工地乙炔气瓶存量不得超过 5 只。

（6）乙炔气瓶严禁与氯气瓶、氧气瓶、电石及其他易燃、易爆物品同库房存放，作业点与氧气瓶、明火相互间距至少 10m。

### 5．氧气瓶的安全使用

（1）每只氧气瓶必须在定期检验的周期（二年）内使用，色标明显，瓶帽齐全，应与其他易燃气瓶、油脂和其他易燃物品分开保存，也不准同车运输、储存，使用的氧气瓶需有瓶帽，禁止用吊车吊运。

（2）氧气瓶附件有缺损或阀门螺杆滑丝时应停止使用；氧气瓶应直立安放在固定支架上，以免倾倒发生事故。

（3）禁止使用没有减压器的氧气瓶。

（4）氧气瓶中的氧气不允许全部用完，当氧气瓶的剩余压力为 0.05MPa 时应将阀门拧紧，写上"空瓶"标记。

（5）开启氧气瓶阀门时要用专用工具，动作要缓慢，不要面对减压表，但应观察压力表指针是否灵活、正常。

（6）当氧气瓶与电焊在同一工作地点使用时，瓶底应垫绝缘物，防止被串入电焊机二次回路。

（7）氧气瓶一定要避免受热、暴晒，使用时应尽可能垂直立放，并联使用的汇流输出总管上应装设单向阀。

### 6．橡胶软管的安全使用

（1）橡胶软管必须经压力试验，氧气软管试验压力为 2MPa，乙炔软管试验压力为 0.5MPa。未经压力试验的代用品及变质老化、脆裂、漏气的胶管及沾上油脂的胶管不准使用。

（2）橡胶软管长度一般为 10～20m，不准使用过短或过长的软管，接头处必须用专用卡子或退过火的金属丝卡紧扎牢。

（3）氧气软管为蓝色或黑色，乙炔软管为红色，与焊炬连接时不可错乱。

（4）使用乙炔软管的过程中发生脱落、破裂、着火情况时，应先将焊炬或割炬的火焰熄灭，然后停止供应乙炔。氧气软管着火时，应迅速关闭氧气瓶阀门，停止供氧。氧气软管着火时不准用弯折的办法，而乙炔软管着火时可用弯折前面一段胶管的办法将火熄灭。

（5）禁止将橡胶软管放在高温管道和电线上，或将热的物件压在软管上，也不准将软管与电焊用的导线敷设在一起；使用时防止割破；若软管经过车行道，则应加护套或盖板。

## 0.1.8　铸造实习安全文明操作规程

（1）实习时，必须穿戴好工作服、工作鞋等防护用品。

（2）造型时，紧砂要用力均匀，搬动和翻转砂箱时要轻拿轻放，以免压伤手脚和损坏砂箱。

（3）修型时，不要用嘴吹型砂和芯砂，以防止砂粒飞入眼中。

（4）熔炼炉周围不能堆放易燃物品，浇注通道不能有积水并保持畅通，以防遇火星或金属液时发生事故。

（5）浇注前，应将工具和浇包预热、烘干，以免使用时引起金属液飞溅。

（6）浇注时，金属液在浇包中不能装得太满。不参加浇注操作的学生应远离浇包，以防发生意外。

（7）不允许从冒口正面观察金属液充型情况，在补充加入熔料时，金属料必须经过预热。

（8）不要直接用手摸或用脚踏未冷却铸件。

（9）清理时，不要对着人敲打铸件和浇冒口，铸件要轻拿轻放。

## 0.1.9　激光切割实习安全文明操作规程

（1）必须严格遵守激光切割机的安全文明操作规程，不得错误使用和严重破坏。

（2）必须查阅所有随附的说明或接受专业人员的培训，熟悉激光切割机的结构和性能，掌握操作系统的相关知识。

（3）按规定佩戴防护用品，在激光束附近要按规定佩戴防护眼镜。

（4）在确定材料是否可以被激光照射或加热之前，不要加工材料，以免产生有害的烟雾等。

（5）启动激光切割机时，操作者不得离岗或委托他人看管。

（6）将灭火器放在触手可及的地方；不加工时关闭激光器或快门；不要将纸、布或其他易燃材料放在无保护的激光束附近。

（7）加工过程中如发现异常，应立即停止激光切割机，及时排除故障或向专业人员询问。

（8）要保持激光器、床身及周围区域清洁、有序、无油污，并按要求堆放工件、板材和废料。

（9）使用时，避免压伤电线、水管、气管，避免漏电、漏水、漏气；气瓶的使用和运输应当符合《气瓶安全技术规程》的规定；禁止将气瓶暴露在阳光下或靠近热源；打开瓶阀时，操作者必须站在瓶口一侧。

（10）打开水冷器电源前，检查水冷器水位。严禁在无水或水位过低时打开水冷器，以免损坏水冷器；严禁挤压、踩踏水冷器进出水管，应保持水路畅通。

（11）操作时，要避免激光束照射到人体上，以免造成灼伤。如果长时间盯着激光束，会对视网膜造成严重损伤，所以操作者必须佩戴护眼装置。

（12）在使用激光切割机切割一些板材时会产生大量的烟雾，风机的出风管应引至室外，或加装空气净化装置。此外，操作者应佩戴防尘口罩，预防职业病。

（13）当温度长期低于 0℃时，应排出水冷器、激光器和水路管道中的冷却液，避免冷却液因温度过低而冻结，对激光切割机和管道造成损坏。

（14）按时检查激光切割头中的保护镜片。当需要拆卸准直器或聚焦透镜时，记录拆卸过程，特别注意透镜的安装方向，安装要正确。

# 0.2 认识常用工程材料

一般将工程材料按化学成分分为金属材料、非金属材料、高分子材料和复合材料四大类。

## 0.2.1 金属材料

金属材料是很重要的工程材料，包括金属和以金属为基的合金。工业上把金属及其合金分为两大部分。

（1）黑色金属材料：铁和以铁为基的合金（钢、铸铁和铁合金）。

（2）有色金属材料：黑色金属以外的所有金属及其合金。有色金属按照性能和特点可分为轻金属、易熔金属、难熔金属、贵重金属、稀土金属和碱土金属。

### 1．黑色金属材料

含碳量小于 2.11%（质量）的铁碳合金称为钢，含碳量大于 2.11%（质量）的铁合金称为生铁。

（1）钢及其合金的分类。钢的力学性能决定于钢的成分和金相组织，钢中碳的含量对钢的性质有决定性影响。在工程中更通用的分类如下。

① 按化学成分分类，可分为碳素钢、低合金钢和合金钢。

② 按主要质量等级分类。

a．普通碳素钢、优质碳素钢和特殊质量碳素钢。

b．普通低合金钢、优质低合金钢和特殊质量低合金钢。

c．普通合金钢、优质合金钢和特殊质量合金钢。

（2）常见钢牌号的命名规则。

① 碳素结构钢。

表示方法：字母"Q"+数字+质量等级符号+脱氧方法符号+专门用途符号。

a．牌号冠以"Q"，代表钢材的屈服强度。

b．"Q"后面的数字表示屈服强度数值，单位是 MPa 或 $N/mm^2$。例如，Q235 表示屈服强度为 235MPa 的碳素结构钢。

c．必要时，牌号后面可标出质量等级符号。质量等级符号为 A、B、C、D 等。

d．必要时，质量等级符号后面可标出脱氧方法符号。"F"表示沸腾钢，"b"表示半镇静钢，"Z"表示镇静钢，"TZ"表示特殊镇静钢；镇静钢和特殊镇静钢可不标符号，即

"Z"和"TZ"都可不标。例如,"Q235-AF"表示 A 级沸腾钢。

e．专门用途的碳素钢如桥梁钢、船用钢等,基本上采用碳素结构钢的表示方法,但应在牌号最后附加表示用途的字母。

② 优质碳素结构钢。

表示方法:数字+元素符号+质量等级符号+脱氧方法符号+专门用途符号。

a．牌号开头的两位数字表示钢的碳含量,以平均碳含量的万分之几表示。例如,"45"表示平均碳含量为 0.45%的钢,它不是顺序号,所以不能读成 45 号钢。

b．锰含量较高的优质碳素结构钢,应将锰元素标出,如"50Mn"。

c．必要时,牌号后面可标出质量等级。高级优质钢、特级优质钢分别以"A""E"表示。

d．必要时,质量等级符号后面可标出脱氧方法符号。"F"表示沸腾钢,"b"表示半镇静钢,"Z"表示镇静钢;镇静钢和特殊镇静钢可不标符号。

e．沸腾钢、半镇静钢及专门用途的优质碳素结构钢应在牌号最后特别标出。例如,"10b"表示平均碳含量为 0.1%的半镇静钢。

③ 碳素工具钢。

表示方法:字母"T"+数字+元素符号+质量等级符号。

a．牌号冠以"T",以免与其他钢类相混淆。

b．牌号中的数字表示碳含量,以平均碳含量的千分之几表示。例如,"T8"表示平均碳含量为 0.8%。

c．锰含量较高者,应在牌号最后标出"Mn",如"T8Mn"。

d．高级优质碳素工具钢的磷、硫含量比一般优质碳素工具钢低,所以应在牌号最后加"A",以示区别,如"T8MnA"。

④ 合金结构钢。

表示方法:数字+主要合金元素符号和数字+微量合金元素符号+质量等级符号+专门用途符号。

a．牌号开头的两位数字表示钢的碳含量,以平均碳含量的万分之几表示,如"40Cr"。

b．钢中主要合金元素,除个别微合金元素外,一般以百分之几表示。当平均合金元素含量<1.5%时,牌号中一般只标出元素符号,而不标明含量,但在特殊情况下易致混淆者,可在元素符号后标数字"1",如牌号"12CrMoV"和"12Cr1MoV",前者铬含量为 0.4%～0.6%,后者为 0.9%～1.2%,其余成分全部相同。当平均合金元素含量≥1.5%、2.5%、3.5%、…时,应在元素符号后面标明含量,可相应表示为 2、3、4、…,如"18Cr2Ni4WA"。

c．钢中的钒（V）、钛（Ti）、铝（Al）、硼（B）、稀土（R 或 RE）等合金元素,均属于微合金元素,虽然含量很低,但仍应在牌号中标出。例如,20MnVB 钢中:钒含量为 0.07%～0.12%,硼含量为 0.001%～0.005%。

d．高级优质钢、特级优质钢应分别在牌号最后加"A""E",以区别于一般优质钢。

⑤ 低合金高强度钢。

表示方法:数字+主要合金元素符号和数字+微量合金元素符号+质量等级符号+专门用途符号。

a．牌号的表示方法,基本上与合金结构钢相同。

b．对专业用低合金高强度钢，应在牌号最后标明。例如，16Mn 钢，桥梁的专用钢种为"16Mnq"，汽车大梁的专用钢种为"16MnL"，压力容器的专用钢种为"16MnR"。

⑥ 合金工具钢和高速工具钢。

a．当合金工具钢的平均碳含量≥1.0%时牌号中不标出碳含量，当平均碳含量<1.0%时以千分之几表示，如"Cr12""CrWMn""9SiCr""3Cr2W8V"。

b．钢中合金元素含量的表示方法基本上与合金结构钢相同。但对铬含量较低的合金工具钢的牌号，其铬含量以千分之几表示，并在表示含量的数字前加"0"，以便与一般元素含量按百分之几表示的方法区别开来，如"Cr06"。

c．高速工具钢的牌号一般不标出碳含量，只标出各种合金元素平均含量的百分之几。例如，钨系高速钢的牌号表示为"W18Cr4V"。牌号冠以"C"的，表示其碳含量高于未冠"C"的通用牌号。

⑦ 不锈钢和耐热钢。

牌号中，以万分之几或十万分之几表示碳含量最佳控制值。

（3）工程中常用钢及其合金的性能和特点。

① 碳素结构钢。普通碳素结构钢生产工艺简单，具有良好的工艺性能（如焊接性能、压力加工性能等）、必要的韧性、良好的塑性及价廉和易于大量供应等特点，通常在热轧后使用，在桥梁、建筑、船舶工程上有极广泛的应用。某些不太重要、要求韧性不高的机械零件也广泛选用碳素结构钢。

② 低合金高强度结构钢。低合金高强度结构钢比碳素结构钢具有更高的韧性，同时具有良好的焊接性能、冷热力加工性能和耐蚀性，部分钢种还具有较低的脆性转变温度。

③ 合金结构钢。合金结构钢被广泛用于制造各种韧性要求高的重要机械零件和构件。形状复杂、截面尺寸较大或要求韧性高的淬火零件一般为合金结构钢。

④ 不锈耐酸钢。不锈耐酸钢在化工、石油、食品机械和国防工业中应用广泛。

⑤ 铸钢。铸钢具有较好的强度、塑性和韧性，可以铸成各种形状、尺寸和质量的铸钢件。

（4）铸铁。大部分机械设备的箱体、壳体、机座、支架和受力不大的零件多用铸铁制造。某些承受冲击不大的重要零件，如小型柴油机的曲轴，多用球墨铸铁制造。其原因是铸铁价廉，切削性能和铸造性能优良，有利于节约材料，减少机械加工工时，且有必要的强度、较高的耐磨性和吸震性、较低的缺口敏感性等。

① 铸铁的分类。按照石墨的形状特征，可将铸铁分为灰口铸铁（石墨呈片状）、球墨铸铁（石墨呈球状）和可锻铸铁（石墨呈团絮状）三大类。

按照成分中是否含有合金元素，可将铸铁分为一般铸铁和合金铸铁两大类。其中，一般铸铁又可分为普通铸铁和孕育（变质）铸铁。

② 工程中常用铸铁的性能和特点如下。

a．灰口铸铁。灰口铸铁的基体可以是铁素体、珠光体或铁素体加珠光体，相当于钢的组织。

b．球墨铸铁。球墨铸铁的综合机械性能接近于钢。可用球墨铸铁代替钢制造某些重要零件，如曲轴、连杆和凸轮轴等。

c．可锻铸铁。可锻铸铁可以部分代替碳钢。

### 2．有色金属材料

（1）铝及其合金。工业纯铝可制作电线、电缆、器皿及配制合金。铝合金可用于制造承受较大载荷的机器零件和构件；防锈铝合金（LF）主要用于焊接件、容器、管道或承受中等载荷的零件及制品，也可用于制作铆钉。硬铝合金（LY）主要用于轧材、锻材、冲压件和螺旋桨叶片及大型铆钉等重要零件。超硬铝合金（LC）主要用于制造受力大的重要构件，如飞机大梁、起落架等。

（2）铜及其合金。铜合金具有较高的强度和塑性，较高的弹性极限和疲劳极限，较好的耐腐蚀性、抗碱性及优良的减摩性和耐磨性。

（3）镍及其合金。镍及镍合金是化学、石油、有色金属冶炼、高温、高压、高浓度或混有不纯物等各种苛刻腐蚀环境下比较理想的金属材料。

（4）钛及其合金。钛具有熔点高、热膨胀系数小、导热性差、强度低、塑性好等特点。钛具有优良的耐腐蚀性和耐热性，其抗氧化能力优于大多数奥氏体不锈钢，在较高温度下钛材仍能保持较高的强度。

## 0.2.2 非金属材料

除了金属材料，非金属材料也是重要的工程材料。它包括耐火材料、耐火隔热材料、耐蚀（酸）非金属材料和陶瓷材料等。

### 1．耐火材料

能承受高温作用而不易损坏的材料，称为耐火材料。常用的耐火材料有耐火砌体材料、耐火水泥及耐火混凝土。

### 2．耐火隔热材料

耐火隔热材料又称耐热保温材料。它是各种工业用炉（冶炼炉、加热炉、锅炉炉膛）的重要筑炉材料。常用的隔热材料有硅藻土、蛭石、玻璃纤维（矿渣棉）、石棉，以及它们的制品（如板、管、砖等）。

### 3．耐蚀（酸）非金属材料

耐蚀（酸）非金属材料的组成主要是金属氧化物、氧化硅和硅酸盐等，在某些情况下它们是不锈钢和耐蚀合金的理想代用品。常用的非金属耐蚀材料有铸石、石墨、玻璃、天然耐蚀石料和水玻璃型耐酸水泥等。

（1）铸石。铸石具有极优良的耐磨与耐化学腐蚀性、绝缘性及较高的抗压性能。在各类酸碱设备中，其耐腐蚀性比不锈钢、橡胶、塑性材料及其他有色金属高得多，但铸石脆性大、承受冲击载荷的能力低。因此，在要求耐蚀、耐磨或高温条件下，当不受冲击震动时，铸石是钢铁（包括不锈钢）的理想代用材料。

（2）石墨。石墨材料在高温下有较高的机械强度；常用来制造传热设备；具有良好的化学稳定性；除了强氧化性的酸（如硝酸、铬酸、发烟硫酸和卤素），在所有的化学介质中都很稳定，甚至在熔融的碱中也较稳定。不透性石墨可作为耐腐蚀的非金属无机材料。

（3）玻璃。玻璃具有较好的光泽和透明度，化学稳定性和热稳定性好，机械强度高，硬度大和电绝缘性强，但不耐氢氟酸、热磷酸、热浓碱液的腐蚀。一般用于制造化学仪器和高级玻璃制品、绝缘材料等。

（4）天然耐蚀石料。天然耐蚀石料主要包括花岗岩、石英岩、辉绿岩、玄武岩及石灰岩等。花岗岩的强度高，耐寒性好，但热稳定性较差；石英岩强度高，耐久性好，硬度高，难加工；辉绿岩及玄武岩密度高，耐磨性好，脆性大，强度极高，加工较难；石灰岩热稳定性好，硬度较低。

（5）水玻璃型耐酸水泥。水玻璃型耐酸水泥能抗大多数无机酸和有机酸的腐蚀，但不耐碱。用水玻璃胶泥衬砌砖、板后必须进行酸化处理。

### 4．陶瓷材料

陶瓷材料是指用天然或合成化合物经过成型和高温烧结制成的一类无机非金属材料，具有高熔点、高硬度、高耐磨性、耐氧化等优点。陶瓷材料可作为结构材料、刀具材料；由于陶瓷还具有某些特殊性能，因此又可作为功能材料。

（1）陶瓷材料的分类。陶瓷一般分为普通陶瓷和新型陶瓷两大类。

（2）常用陶瓷材料。在工程中常用的陶瓷有电器绝缘陶瓷、化工陶瓷、结构陶瓷和耐酸陶瓷等。

## 0.2.3　高分子材料

高分子材料具有较高的强度、良好的塑性、较强的耐腐蚀性能、很好的绝缘性和质量轻等优良性能。高分子材料一般分为天然和人工合成两大类。通常根据机械性能和使用状态将高分子材料分为塑料、橡胶和合成纤维三大类。

### 1．塑料

（1）热塑性塑料。

① 低密度聚乙烯（LDPE）。低密度聚乙烯的质量轻，吸湿性极小，电绝缘性能良好，延伸性和透明性强，耐寒性和化学稳定性较好，但强度和耐环境老化性较差。它一般用于制作耐蚀材料、小载荷零件（齿轮、轴承）及一般电缆包皮和农用薄膜等。

② 高密度聚乙烯（HDPE）。高密度聚乙烯的耐热性和耐寒性良好，力学性能优于低密度聚乙烯，介电性能优良（略低于低密度聚乙烯），耐磨性及化学稳定性良好，能耐多种酸、碱、盐类的腐蚀，吸水性和水蒸气渗透性很低，但耐老化性能较差，表面硬度高，尺寸稳定性好。它主要用于制作单口瓶、运输箱、安全帽、汽车零件、储罐、电缆护套、压力管道及编织袋等。

③ 聚丙烯（PP）。聚丙烯质量轻，不吸水，介电性、化学稳定性和耐热性良好，力学性能优良，但是耐光性能差，易老化，低温韧性和染色性能不好。它主要用于制作受热的电气绝缘零件、汽车零件、防腐包装材料及耐腐蚀的（浓盐酸和浓硫酸除外）化工设备等。

④ 聚氯乙烯（PVC）。硬质聚氯乙烯塑料常被用于制作化工、纺织等工业的废气排污排毒塔，以及常用气体、液体输送管等。软质聚氯乙烯塑料常被制成薄膜，用于工业包装等，但因增塑剂或稳定剂有毒不能用来包装食品。

⑤ 聚四氟乙烯（PTFE，F－4）。聚四氟乙烯俗称塑料王，具有非常优良的耐高、低温性能。几乎能耐所有的化学药品，在浸蚀性极强的王水中煮沸也不起变化，摩擦系数极低。聚四氟乙烯不黏，不吸水，电性能优异，是目前介电常数和介电损耗最小的固体绝缘材料

之一。缺点是强度低，冷流性强。

⑥ 聚碳酸酯（PC）。聚碳酸酯具有较高的透明性，被誉为"透明金属"。其具有优良的综合性能，冲击韧性和延性在热塑性塑料中是较好的；弹性模量较高，不受温度的影响；抗蠕变性能好，尺寸稳定性高，透明度高；可染成各种颜色，吸水性差，绝缘性能优良。其自润滑性差，耐磨性低，不耐碱、氯化烃、酮和芳香烃腐蚀，长期浸在沸水中时会发生水解或破裂，有应力开裂倾向，疲劳抗力较低。

⑦ ABS。普通 ABS 是丙烯腈、丁二烯和苯乙烯的三元共聚物。综合机械性能良好，同时尺寸稳定，容易电镀和易于成形，耐热和耐腐蚀性较好，在-40℃的低温下仍有一定的机械强度。

⑧ 聚酰胺（PA）。聚酰胺俗称尼龙，这种热塑性塑料由二元胺与二元酸缩合而成，这是机械工业中应用较广的工程塑料。

⑨ 聚甲基丙烯酸甲酯（PMMA）。聚甲基丙烯酸甲酯俗称有机玻璃，缺点是表面硬度不高，易擦伤；导热性差和热膨胀系数大，易在表面或内部引起微裂纹，因而比较脆；易溶于有机溶液中。

（2）热固性塑料。环氧树脂（EP）。环氧树脂强度较高，韧性较好；尺寸稳定性高和耐久性好；具有优良的绝缘性能；耐热、耐寒，化学稳定性很高。缺点是有毒性。

### 2．橡胶

橡胶是一种具有良好耐酸、碱性能的高分子防腐蚀材料。橡胶分为天然橡胶和合成橡胶两大类。

### 3．合成纤维

合成纤维是由合成的高分子化合物制成的。目前，国内外大量发展的主要有聚酰胺纤维、聚酯纤维及聚丙烯腈纤维三大类。合成纤维具有强度高、比重小、耐磨和不霉不腐等特点，被广泛用于制作衣料。

## 0.2.4 复合材料

复合材料是用两种或两种以上不同材料组合的材料。

### 1．复合材料的分类

复合材料按基体材料类型可分为有机材料基、无机非金属材料基和金属基复合材料三大类。

复合材料按增强体类型可分为颗粒增强型、纤维增强型和板状增强型复合材料三大类。

复合材料按用途可分为结构复合材料与功能复合材料两大类。

复合材料按增强纤维类型可分为碳纤维复合材料、玻璃纤维复合材料、有机纤维复合材料、复合纤维复合材料和混杂纤维复合材料等。

### 2．复合材料的特点

与普通材料相比，复合材料具有许多特点，具体表现在：耐疲劳性高、减震性能好、耐腐蚀性好；较优良的减摩性、耐磨性、自润滑性和耐蚀性；其构件制造工艺简单，表现出良好的工艺性能，适合整体成形。

（1）用玻璃纤维增强塑料得到的复合材料俗称玻璃钢。玻璃纤维增强聚酚胺复合材料的刚度、强度和减摩性好。

（2）碳纤维增强酚醛树脂、聚四氟乙烯复合材料，常用于制造航天器的外层材料。

（3）石墨纤维增强铝基复合材料，可用于制造结构材料。

（4）硼纤维增强铝合金的性能高于普通铝合金，甚至优于钛合金。此外，增强后的复合材料耐疲劳性能非常优越，比强度也高，且有良好的抗蚀性。

（5）塑料—钢复合材料，主要由聚氯乙烯塑料膜与低碳钢板复合而成，有单面塑料复合材料和双面塑料复合材料两种。塑料—钢复合材料的性能如下。

① 化学稳定性好，耐酸、碱、油及醇类的浸蚀，耐水性也较好。

② 塑料与钢材间的剥离强度大于或等于 20MPa。

③ 深冲加工时不剥离，冷弯 120° 时不分离开裂。

④ 绝缘性能和耐磨性能良好。

⑤ 具有低碳钢的冷压力加工性能。

⑥ 加工温度在 10～40℃ 为佳，在 -10～60℃ 可长期使用，短时间使用时可耐 120℃ 高温。

# 0.3　常用量具及使用方法

为了确保工件的质量，必须用量具来测量。用来测量、检验工件形状和尺寸的工具叫作量具。量具的种类很多，根据其用途和特点，可分为以下三种类型。

**1. 万能量具**

这类量具一般都有刻度，在测量范围内可以测量工件形状和尺寸的具体数值，如万能游标量角器、千分尺、百分表、塞尺和游标卡尺等。

**2. 专用量具**

这类量具不能测量出实际尺寸，只能测定工件的形状和尺寸是否合格，如卡规、塞规等。

**3. 标准量具**

这类量具只能制成某一固定尺寸，通常用来校正和调整其他量具，也可以作为标准与被测量件进行比较，如量块。

## 0.3.1　万能游标量角器

万能游标量角器是用来测量工件内外角度的量具，其结构如图 0-1 所示。

万能游标量角器的读数方法和游标卡尺相似，即先从尺身上读出游标零线前的整度数，再从游标上读出角度的数值，两者相加就是被测物体的角度数值。

用万能游标量角器测量工件角度时，应使基尺与工件角度母线方向一致，且工件应与量角器的两个测量面

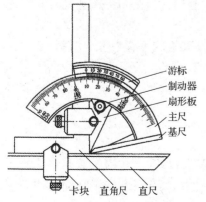

游标
制动器
扇形板
主尺
基尺

卡块　直角尺　直尺

图 0-1　万能游标量角器的结构

在全长上接触良好，以免产生测量误差，如图 0-2 所示。

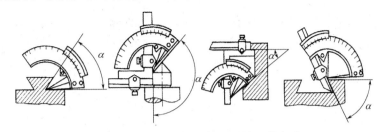

图 0-2　用万能游标量角器测量工件角度

## 0.3.2　千分尺

千分尺是一种精密量具，测量精度为 0.01mm，比游标卡尺高，而且比较灵敏。因此对于加工精度要求较高的工件尺寸要用千分尺来测量。千分尺有外径千分尺（见图 0-3）、内径千分尺（见图 0-4）、深度千分尺（见图 0-5），其中外径千分尺用得最多。外径千分尺的规格按测量范围分为 0～25mm、25～50mm、50～75mm、75～100mm 等，使用时按被测工件的尺寸选用。

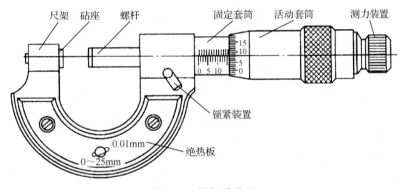

图 0-3　外径千分尺

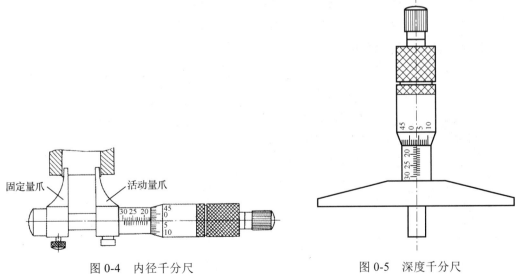

图 0-4　内径千分尺

图 0-5　深度千分尺

### 1．千分尺的读数原理

千分尺固定套筒在轴线方向上刻有一条中线，上下两排刻线互相错开 0.5mm，即主尺。活动套筒左端圆周上刻有 50 等分的刻线，即副尺。螺杆右端螺纹的螺距为 0.5mm，活动套筒每转一格，螺杆就移动 0.5mm/50=0.01mm。

### 2．千分尺的读数方法

被测工件的尺寸=活动套筒所指的主尺上的整数（应为 0.5mm 的整倍数）+固定套筒中线所指活动套筒的格数×0.01mm+估计值，如图 0-6 所示。

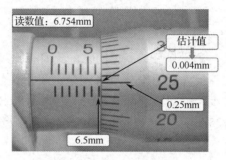

图 0-6　千分尺的读数方法

### 3．千分尺的使用方法

（1）按被测工件的尺寸选择千分尺的规格。

（2）将两个测量面擦干净后检查零位，读出零位误差。

（3）测量工件时，擦净工件的被测表面和尺子的两个测量面，左手握尺架，右手转动活动套筒，使螺杆端面和工件的被测表面接触。

（4）用右手转动棘轮，使螺杆端面和工件的被测表面接触，直到棘轮打滑且发出响声为止，读出数值。

（5）测量工件外径时，螺杆轴线应通过工件中心。

（6）测量小型工件时，应用左手握工件，右手单独操作。

（7）退出尺子时，应反向转动活动套筒，使螺杆端面离开工件的被测表面。

### 4．使用千分尺的注意事项

（1）千分尺应保持清洁。使用千分尺前应先校准尺寸，检查活动套筒上的零线是否与固定套筒上的基准线对齐，如果没有对齐，必须进行调整或读出零位误差。

（2）测量时，最好用左手握住尺架，用右手旋转活动套筒，当螺杆即将接触工件时，改为旋转棘轮，直到棘轮发出"咔咔"声为止。

（3）从千分尺上读取尺寸数值时，可在工件未取下前进行，读完数后，松开千分尺，再取下工件。也可将千分尺用锁紧装置锁紧，从工件取下后再读数。

（4）千分尺只适用于测量精度较高的尺寸，不能测量毛坯面，更不能在工件转动时去测量。

### 0.3.3 百分表

百分表主要用于检测工件的形状和位置公差，有钟表式和杠杆式两种。其中，钟表式百分表表面上有长指针和短指针，长指针转动一周为 1mm，表面周围有等分 100 格的刻线，指针每转动一小格为 0.01mm，其测量的量程较大，常用的规格是 0～3mm 和 0～10mm，如图 0-7 所示。

百分表装夹在磁性表架上，测量时可以上下移动或转动使测量头位置对准工件被测部位，同时测量杆与被测工件表面保持垂直，如图 0-8 所示。也可安装内径百分表，用于测量内径，如图 0-9 所示。杠杆式百分表及其测量方法如图 0-10 所示，它的球面测量杆与被测工件表面所夹的角度不宜太大。

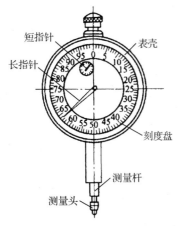

图 0-7 钟表式百分表结构

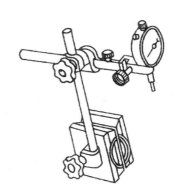

图 0-8 将百分表装夹在磁性表架上

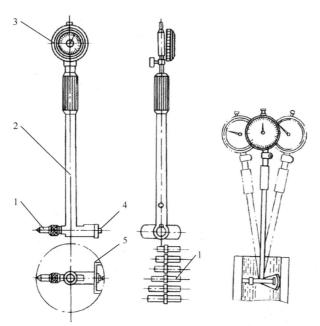

1—可换测量头；2—接管；3—百分表；4—活动测量头；5—定心桥。

图 0-9 内径百分表

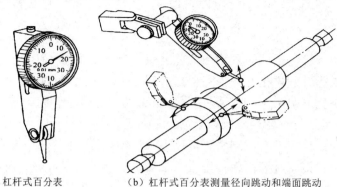

（a）杠杆式百分表　　　　（b）杠杆式百分表测量径向跳动和端面跳动

图 0-10　杠杆式百分表及其测量方法

### 0.3.4　塞尺

塞尺是用来检查两贴合面之间间隙的薄片量尺，如图 0-11 所示。

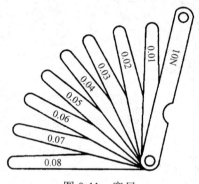

图 0-11　塞尺

塞尺由一组薄钢片组成，每片的厚度为 0.01～0.08mm 不等，测量时用厚薄尺直接塞进间隙，当一片或数片塞尺塞进两贴合面之间时，一片或数片塞尺的厚度（可由每片片身上的标记读出）为两贴合面的间隙值。使用塞尺测量间隙时选用的薄片厚度值越小越好，而且必须先擦净尺面和工件，测量时不能硬塞，以免尺片弯曲和折断。

### 0.3.5　游标卡尺

外圆测量一般采用游标卡尺（见图 0-12）或千分尺，适用于车削外圆精度的测量。

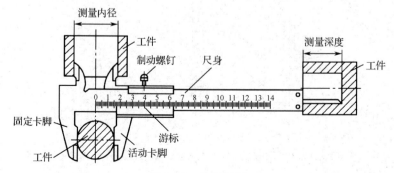

图 0-12　游标卡尺

游标卡尺主要由尺身和游标组成，尺身上刻有以 1mm 为一格间距的刻度，并刻有尺寸数字，其刻度全长即为游标卡尺的规格。游标上的刻度间距，随测量精度而定。现以精度值为 0.02mm 的游标卡尺的刻线原理和读数方法为例简介如下。

游标卡尺的刻线原理及读数方法：主尺 1 格为 1mm，游标 1 格为 0.98mm，共 50 格。主尺和游标每格之差为 1-0.98=0.02mm；读数方法是游标零位指示的主尺整数，加上游标刻线与主尺刻线重合处的游标刻线数乘以精度值之和，如表 0-1 所示。

表 0-1　游标卡尺的刻线原理及读数方法

| 精度值 | 刻线原理 | 读数方法及示例 |
| --- | --- | --- |
| 0.02mm | 主尺1格=1mm<br>游标1格=0.98mm，共50格<br>主尺、游标每格差0.02（1-0.98）mm<br><br>主尺 0　1　2　3　4　5<br>游标 0 1 2 3 4 5 6 7 8 9 10 | 读数=游标零位指示的主尺整数+游标刻线与主尺刻线重合处的游标刻线数×精度值<br><br>2　3　4<br>0 1 2 3 4<br>读数=22+18×0.02=22.36mm |

量具是用来测量工件尺寸的工具，在使用过程中应加以精心的维护与保养，才能保证零件的测量精度，延长量具的使用寿命。因此，必须做到以下几点。

（1）在使用前应擦干净，用完后必须擦干净、涂油并放入专用量具盒内。

（2）不能随便乱放、乱扔，应放在规定的地方。

（3）不能用精密量具去测量毛坯尺寸、运动着的工件或温度过高的工件，测量时用力适当，不能过猛、过大。

（4）量具如有问题，不能私自拆卸修理，应交工具室或指导教师处理。精密量具必须定期送计量部门鉴定。

# 项目一　车工实习

**知识目标**

1. 了解车削的工艺范围。
2. 了解卧式车床的主要组成、作用与操作方法。
3. 熟悉车刀的种类及用途。

**能力目标**

1. 掌握车刀的安装方法和工件的装夹方法。
2. 掌握车床的操作方法。
3. 掌握车端面、外圆、台阶、圆弧的方法。

**素质目标**

1. 培养学生分工协作、合作交流、分析和解决实际问题的能力。
2. 培养学生细心观察、反复实践、有理想、敢担当、能吃苦、肯奋斗的职业精神。
3. 学习大国工匠的先进事迹，培养学生严谨规范、爱岗敬业、执着专注、精益求精的工匠精神。
4. 培养学生正确的劳动观点、求实精神、质量和经济意识、安全意识。

## 任务 1.1　车床操作练习

**任务要求**

1. 了解车削的工艺范围及实习所用车床。
2. 了解卧式车床的主要组成、作用与操作方法。
3. 掌握车床的操作方法。

**任务准备**

1. 设备：CA6140 普通车床、活络顶尖。
2. 工具：卡盘钥匙、刀架钥匙。
3. 与本次授课内容相关的课件及其他设备。

**任务实施**

1. 在多媒体教室上课，指导教师在课堂上结合实物，通过 PPT 课件、视频等讲解本节课的学习目的、要求等；学生分组。
2. 指导教师现场讲解、演示车床的操作方法及步骤。
3. 学生在指导教师的指导下进行车床操作练习。

### 1.1.1　车削的工艺范围及实习所用车床

#### 1. 车削的工艺范围

车削是工件旋转作主运动、车刀作进给运动的切削加工方法，被广泛应用于加工各类零件的旋转体表面。其基本工作内容有车端面、车外圆、车圆锥面、切槽、切断、镗孔、切内槽、钻中心孔、钻孔、铰孔、车锥孔、车外螺纹、车内螺纹、攻螺纹、车成形面、滚花等，如图 1-1 所示。车削加工的尺寸精度一般可达 IT9～IT7，表面粗糙度 $Ra$ 值可达 6.3～0.8μm。

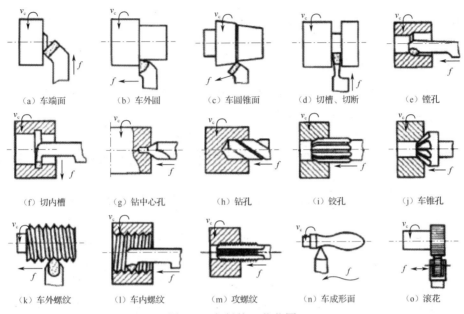

（a）车端面　　（b）车外圆　　（c）车圆锥面　　（d）切槽、切断　　（e）镗孔

（f）切内槽　　（g）钻中心孔　　（h）钻孔　　（i）铰孔　　（j）车锥孔

（k）车外螺纹　　（l）车内螺纹　　（m）攻螺纹　　（n）车成形面　　（o）滚花

图 1-1　车削的工艺范围

### 2．本次实习所使用车床的型号

本次实习所使用车床的型号为 CA6140，C 表示类别为车床；A 为结构特性代号；6 表示组别为落地及卧式车床组；1 表示系别为卧式车床系；40 作为主参数，其含义为允许的最大工件回转直径为 400mm。其外形图如图 1-2 所示。

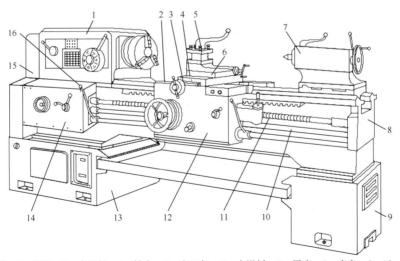

1—主轴箱；2—床鞍；3—中滑板；4—转盘；5—方刀架；6—小滑板；7—尾座；8—床身；9、13—床腿；
10—光杠；11—丝杠；12—溜板箱；14—进给箱；15—挂轮架；16—操纵手柄。

图 1-2　CA6140 型卧式车床外形图

## 1.1.2 卧式车床的主要组成、作用与操作方法

### 1．卧式车床的主要组成

卧式车床主要由"三箱""二杠""二架""二床"组成。

三箱：主轴箱、进给箱、溜板箱；二杠：光杠、丝杠；二架：刀架、尾座（架）；二床：床身、床腿。

### 2．卧式车床主要组成的作用

（1）床身：用于支承和安装车床的各个部件，确保各部件之间的位置准确。床身上还有一组精密的导轨，用于调整工件位置。

（2）床腿：用于支承床身。

（3）主轴箱：箱内装着由齿轮和轴组成的变速传动机构，支承并传动主轴带动工件作旋转主运动。

（4）进给箱：用于选择光杠或丝杠转动。光杠转动时改变纵横向进给量，丝杠转动时改变螺距。

（5）溜板箱：将光杠或丝杠的运动传递给床鞍或滑板。

（6）光杠：将进给箱的运动传给溜板箱，使车刀作自动进给运动。

（7）丝杠：在车螺纹时使车刀按要求作纵向移动。

（8）刀架：由大拖板、中拖板、转盘、小拖板和放刀架组成，用来装夹车刀并可作纵向、横向和斜向运动。

（9）尾座：可沿床身导轨纵向移动。其套筒中可安装顶尖、钻头、铰刀等。

### 3．卧式车床的操作方法

1）卧式车床的启动

按下卧式车床背面电器箱上的绿色"合"按钮接通电源，将卡盘钥匙插入安全保护盘内。按下主轴箱右下方的绿色"启动"按钮使油泵电机启动并接通主控制电路，将纵杆手柄向上、中间、向下三个位置操作，可分别实现主轴的正转、停止和反转。红色按钮的功能为"急停"。

2）变速的操作

（1）主轴转速是通过改变主轴箱正面右侧嵌套可360°旋转的转盘上的手柄来控制的。转盘外面有一个固定外圆，上面并排有红、黄、蓝、绿四种颜色，可旋转的外圆有16个挡位，每个挡位也有红、黄、蓝、绿四种颜色，中间转盘上有红、黄、蓝、绿四种颜色的菱形箭头。选择其中之一的转速时，需将转速上的颜色与固定外圆上相同的颜色对齐，同时中间转盘相同颜色的箭头也需对齐，即三种颜色对齐方可。

（2）主轴箱正面左侧的手柄用于改变螺纹左、右旋向变速，向上挡位为车削左旋螺纹，向下挡位为车削右旋螺纹。

3）进给箱的操作

（1）进给箱正面左、右两侧各有一个手柄，进给量和螺距的变换由左边的手柄操纵，手柄自左到右共16个挡位，往外摆时另有6个挡位，根据进给箱油池盖上的进给量和螺距

把这两排挡位适当加以组合，即可获得进给量和螺距的各个基本规格。如需将基本规格成倍地增大或缩小，则可操纵右边的手柄变速 I—V 挡位来实现。

（2）当将进给箱右侧的手柄往外摆时另有 S、M 两挡，可操纵接通光杠或丝杠。

4）大、中、小滑板的操作

（1）床鞍（大滑板）纵向移动是由滑板箱正面左侧的手柄控制的，当顺时针转动手柄时，床鞍向右移动；反之，床鞍向左移动。

（2）床鞍上的中滑板手柄控制中滑板横向移动和背吃刀量，当顺时针转动手柄时，中滑板向着离开操纵者的方向移动；反之，中滑板向着操纵者方向移动。

（3）中滑板上的小滑板可纵向短距离移动，当顺时针转动手柄时，小滑板向左移动；反之，小滑板向右移动。

5）刻度盘及分度盘的操纵

（1）溜板箱正面的大手柄轴上的刻度盘分为 200 格，每格为 0.5mm，即刻度盘每转一周，床鞍便纵向移动 100mm。

（2）中滑板刻度盘每转一周，刀架横向移动 4mm。

（3）小滑板刻度盘分为 100 格，每转一周，小滑板带动刀架纵向移动 3mm。

（4）小滑板上的分度盘可以顺时针或逆时针转动 45°，使用时松开螺母，转动小滑板至一定角度，用锁紧螺母固定小滑板，可加工短锥体。

6）自动进给的操作

（1）溜板箱右侧有一个手柄，是刀架纵向、横向自动进给的操作机构，有纵向和横向两个挡位。

（2）若将丝杠运动传给溜板箱，可完成螺纹的车削；车螺纹时应将溜板箱正面右侧的开合螺母操纵手柄按下去。

7）刀架的操作

刀架上的手柄可用于转动刀架和锁紧刀架，逆时针转动手柄时，刀架可以转动；顺时针转动手柄时，刀架就被锁紧。

8）尾座的操作

（1）转动尾座右侧的手柄可使尾座套筒进、退移动。

（2）在尾座左上面、右面有两个固定用手柄，其中，左上面的为尾座套筒固定手柄，扳动此手柄可使套筒固定于某个位置；右面的为尾座快速紧固手柄，扳动此手柄可使尾座快速固定于床身某一位置。

（3）尾座上还有两个锁紧螺母，锁紧后可使尾座固定于床身的任一位置。

# 任务 1.2  车刀安装、工件装夹练习

**任务要求**

1. 了解车刀的种类及用途。

2. 能正确安装 90°外圆车刀与圆弧车刀。

3. 能在车床上用三爪卡盘正确装夹工件。

**任务准备**

1．设备：CA6140 普通车床、活络顶尖。

2．刀具：90°正偏刀、圆弧车刀、内孔车刀、螺纹车刀。

3．工具：一字螺钉旋具、卡盘钥匙、加力杆、刀架钥匙、垫片、棉纱等。

4．量具：游标卡尺、钢直尺。

5．材料：$\phi$35mm×400mm 圆钢。

6．与本次授课内容相关的课件及其他设备。

**任务实施**

1．在多媒体教室上课，指导教师在课堂上结合刀具实物，通过 PPT 课件、视频等讲解刀具知识，以及本节课的学习目的、要求等；学生分组。

2．指导教师现场讲解、演示车刀安装及工件装夹。

3．学生在指导教师的指导下进行车刀安装及工件装夹练习。

## 1.2.1　车刀安装

### 1．车刀的种类及用途

车刀的种类很多，通常按车刀的形状、用途、材料和结构等进行分类。常用车刀如图 1-3 所示。

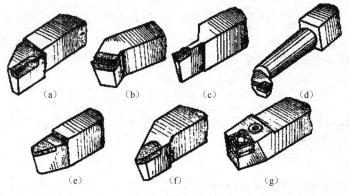

图 1-3　常用车刀

1）按车刀形状、用途来分

（1）偏刀：用来车削外圆、端面、台阶等，如图 1-3（a）所示。

（2）弯头刀：用来车削外圆、端面、倒角等，如图 1-3（b）所示。

（3）切断刀（切槽刀）：用来切断工件或在工件上加工沟槽，如图 1-3（c）所示。

（4）镗刀：用来加工内孔，如图 1-3（d）所示。

（5）圆头刀：用来车削工件台阶处的圆角和圆弧槽，或车削特形面工件，如图 1-3（e）所示。

（6）螺纹车刀：用来车削螺纹，如图 1-3（f）所示。

此外，还有成形车刀，它是将车刀制成与工件特形面相应的形状后进行加工的。

2）按车刀材料来分

车刀按材料可分为高速钢车刀、硬质合金车刀、陶瓷材料车刀，还有超硬材料车刀。

3）按车刀结构来分

车刀按结构可分为焊接式车刀、机械夹固式车刀［见图1-3（g）］。

### 2．车刀的选择与安装

将刃磨好的车刀装夹在方刀架上，再对工件进行车削。车刀安装得正确与否，直接影响车削能否顺利进行和工件的加工质量。所以，在安装车刀时必须注意以下事项。

（1）车刀的刀头部分不能伸出刀架过长，应尽可能伸得短一些，一般车刀伸出的长度不超过刀杆厚度的1～2倍。因为车刀伸出过长会导致刀杆的刚性变差，切削时在切削力的作用下容易产生振动，使车出的工件表面不光滑（表面粗糙度值高）。车刀刀体下面所垫的垫片数量一般以1～2片为宜，并与刀架边缘对齐，同时要用两个螺钉将其压紧，以防止车刀车削工件时产生移位或振动。车刀的装夹如图1-4所示。

（a）正确　　　　　　　　（b）不正确　　　　　　　　（c）不正确

图1-4　车刀的装夹

（2）车刀刀尖的高低应对准工件回转轴线的中心，如图1-5（a）所示。车刀安装得过高或过低都会引起车刀角度的变化，从而影响切削效果，其表现如下。

① 车刀没有对准工件中心。

在车外圆柱面时，当车刀刀尖装得高于工件中心线时［见图1-5（b）］，就会使车刀的工作前角增大，实际工作后角减小，导致车刀后面与工件表面的摩擦力增大；当车刀刀尖装得低于工件中心线时［见图1-5（c）］，就会使车刀的工作前角减小，实际工作后角增大，导致切削阻力增大使切削不顺。车刀刀尖不对准工件中心装夹得过高时，车至工件端面中心会留凸头［见图1-5（d）］，造成刀尖崩碎；装夹得过低时，用硬质合金车刀车到将近工件端面中心处时也会使刀尖崩碎［见图1-5（e）］。

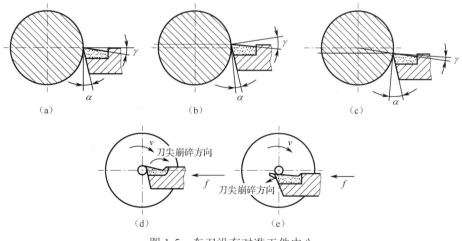

（a）　　　　　　　　　　（b）　　　　　　　　　　（c）

（d）　　　　　　　　（e）

图1-5　车刀没有对准工件中心

② 为使刀尖快速、准确地对准工件中心，常采用以下三种方法。

a. 根据机床型号确定主轴中心高，并用钢尺测量，如图1-6所示。

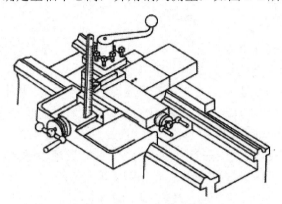

图1-6　用钢尺测量主轴中心高

b. 利用尾座顶尖中心确定刀尖的高度，如图1-7所示。

图1-7　用尾座顶尖中心确定刀尖的高度

c. 用机床卡盘装夹工件，将刀尖慢慢靠近工件端面，用目测法装刀并夹紧，试车端面，根据所车端面中心调整刀尖高度（端面对刀）。

粗车外圆柱面时，应将车刀装夹得比工件中心稍低些，这要根据工件直径的大小来决定，无论装高或装低，一般都不超过工件直径的 1%。注意，装夹车刀时不能使用套管，以防因用力过大拧断刀架上的压力螺钉而损坏刀架。最后，用手转动刀架扳手压紧车刀即可。

### 3. 实习用刀具的选择与安装

根据实习内容的要求车削台阶工件时通常使用 90°外圆车刀，车削成形面时通常使用圆弧车刀。

安装 90°外圆车刀时，刀尖必须严格对准工件的旋转中心，主偏角应略大于 90°，通常为 91°～93°。

安装圆弧车刀时，主切削刃应与工件旋转中心等高，两边的副偏角、副后角应对称，在满足加工条件时其伸出长度应尽可能短一些。

## 1.2.2 工件装夹

为确保安全，在装夹工件时应将主轴置于空挡位置。

（1）调整卡爪开度，使其稍大于工件的外圆直径。

（2）用左手捏住卡盘钥匙，右手将工件放入三爪卡盘中，伸出长度为80mm。

（3）用左手转动卡盘钥匙使卡爪夹住工件，与此同时用右手转动工件，使工件轴线与卡爪保持平行，待工件轻轻夹紧后，右手方可松开。

（4）工件校正。三爪自定心卡盘是自动定心夹具，装夹工件时一般不需要校正。但当工件加持长度较短而伸出长度较长时，往往会产生歪斜，离卡盘越远处，跳动量越大。当跳动量大于加工余量时，必须校正后方可车削。工件校正的方法如图1-8所示。将划线盘针尖靠近轴端外圆时，用左手转动卡盘，右手轻轻敲动划针，使针尖与外圆的最高点正好接触到，然后目测针尖与外圆之间的间隙变化，当出现最大间隙时，用加力杆将工件轻轻向划针方向敲动，使间隙缩小约一半，然后，将工件再夹紧些。重复上述检查和调整，直到跳动量小于加工余量即可。

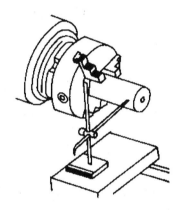

图1-8 工件校正的方法

（5）用左手握紧卡盘钥匙，右手用加力杆扳动卡盘钥匙，使卡爪夹紧工件。

# 任务 1.3 车端面、外圆、台阶、圆弧

**任务要求**

1．了解车削用量对工件加工精度的影响。

2．能根据加工要求正确调整进给量和转速。

3．基本掌握车端面、外圆、台阶、圆弧的方法。

4．掌握外圆、台阶长度和圆弧的测量方法。

**任务准备**

1．设备：CA6140普通车床、活络顶尖。

2．刀具：90°正偏刀、圆弧车刀。

3．工具：一字螺钉旋具、卡盘钥匙、加力杆、刀架钥匙、垫片、棉纱等。

4．量具：游标卡尺、钢直尺、圆弧样板。

5．材料：$\phi$35mm×400mm 铝合金。

6．与本次授课内容相关的课件及其他设备。

**任务实施**

1．在多媒体教室上课，指导教师在课堂上结合刀具实物，通过 PPT 课件、视频等讲解刀具知识，以及本节课的学习目的、要求等；学生分组。

2．指导教师现场讲解、演示车端面、外圆、台阶和圆弧的方法。

3．学生在指导教师的指导下进行车端面、外圆、台阶和圆弧练习。

### 1.3.1 车端面

车端面的方法如图 1-9 所示。

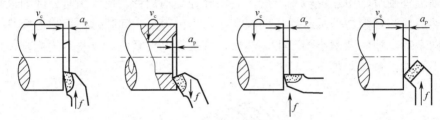

图 1-9　车端面的方法

车端面时应注意以下几点。

（1）车刀的刀尖应对准工件中心，以免车出的端面中心留有凸台。

（2）用偏刀车端面时，工件中心的凸台是一下车掉的，因此，容易损坏刀尖；用弯头车刀车端面时，凸台被逐渐车掉，所以较为有利。

（3）端面的直径从外到中心是变化的，切削速度也是变化的，端面的粗糙度不易得到保证，因此，工件转速可比车外圆时选择得高一些。为降低端面的表面粗糙度值，也可由中心向外切削。

（4）车削直径较大的端面时，若出现凹心或凸台时，应检查车刀和刀架是否紧固，以及床鞍的松紧是否适度。为使车刀准确地横向进给而无纵向松动，应将床鞍紧固在床身上，此时可用小滑板调整背吃刀量。

**1．车削用量的选择**

（1）背吃刀量（$a_p$）：粗车时，$a_p$=2～5mm；精车时，$a_p$=0.2～1mm。

（2）进给量（$f$）：粗车时，$f$=0.3～0.7mm/r；精车时，$f$=0.08～0.3mm/r。

（3）切削速度（$v_c$）：车端面时，切削速度随刀具横向的切入而变化，选用时应根据工件最大直径来确定。实习车端面时转速一般为 280r/min。

**2．车端面的操作步骤**

（1）移动床鞍和中滑板，使车刀靠近工件端面后，将床鞍上螺钉扳紧，使床鞍位置固定。

（2）测量毛坯长度，确定端面应车去的余量，一般先车的一面尽可能少车，其余余量在另一面车去。在车端面前可先倒角，尤其在铸铁表面有一层硬皮时，如先倒角可以防止刀尖损坏。

车端面和外圆时，第一刀背吃刀量一定要超过硬皮层，否则即使已倒角，但车削时刀尖仍会碰到硬皮层，很快就会有磨损。

（3）双手摇动中滑板手柄车端面时，手动进给速度要保持均匀。

当车刀刀尖车到端面中心时，车刀即退回。如车精加工的端面时，要防止车刀横向退出时将端面拉毛，解决方法是向后移动小滑板，使车刀离开端面后再横向退回。车端面背吃刀量可用小滑板刻度盘控制。

（4）用直尺或刀口直尺检查端面直线度。

## 1.3.2　车外圆

根据工件加工表面的精度和表面粗糙度的要求，车外圆一般分粗车和精车两个步骤，根据其要求可将车刀分为外圆粗车刀和外圆精车刀两种。

### 1．粗车

粗车的目的是尽快地切去大部分余量，为精加工留 0.5～1mm 余量。粗车用车刀有直头（尖头）车刀、弯头车刀和偏刀。常用的外圆车刀如图 1-10 所示。

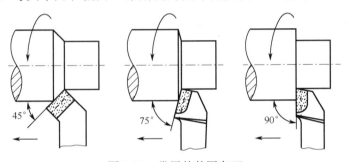

图 1-10　常用的外圆车刀

常用的外圆粗车刀有主偏角为 45°、75° 和 90° 等几种。用高速钢车刀进行粗车钢料时，切削用量推荐如下：$a_p$=2～5mm，$f$=0.3～1.2mm/r，$v_c$=20～60m/min；车削铸铁时：$v_c$=15～40m/min。

### 2．精车

精车的目的是切去余下的少量金属层，以获得图样要求的精度和表面粗糙度。精车时应采取有圆弧过渡刃的精车刀。车刀的前后面须用油石打光。

精车时，背吃刀量 $a_p$ 和进给量 $f$ 较小，以减小残留面积，使 $Ra$ 值减小。切削用量一般如下：$a_p$=0.1～0.2mm，$f$=0.05～0.2mm/r，$v_c$≥60m/min。

精车的尺寸公差等级主要靠试切来保证，一般为 IT8～IT6，半精车一般为 IT10～IT9。

精车的表面粗糙度 $Ra$=3.2～0.8μm，半精车的表面粗糙度 $Ra$=6.3～3.2μm。

### 3．车外圆的操作步骤

（1）检查毛坯的直径，根据加工余量确定进给次数和背吃刀量。

（2）画线痕，确定车削长度。先在工件上用粉笔涂色，然后用内卡钳在钢直尺上量取尺寸后，在工件上画出加工线。

（3）车外圆时要准确地控制背吃刀量，以保证外圆的尺寸公差。通常采用试切削方法来控制背吃刀量，试切的操作步骤如图 1-11 所示。

① 启动车床，移动床鞍与中滑板，使车刀刀尖与工件表面轻微接触［见图 1-11（a）］，并记下中滑板刻度盘的刻度值。

② 控制中滑板手柄不动，移动床鞍，退出车刀与工件端面距 2～5mm［见图 1-11（b）］。

③ 按选定的背吃刀量 $a_{p_1}$ 摇动中滑板手柄，根据中滑板刻度盘的刻度值作横向进给［见图 1-11（c）］。

④ 移动床鞍，试刀长度为 2～3mm［见图 1-11（d）］。

⑤ 控制中滑板手柄不动，向右退出车刀，停车，测量工件尺寸［见图 1-11（e）］。

⑥ 根据测量结果，调整背吃刀量 $a_{p_2}$［见图 1-11（f）］。如尺寸正确，即可手动或自动进刀车削；如不符合要求，则应根据中滑板刻度盘的刻度值调整背吃刀量，再进刀车削。

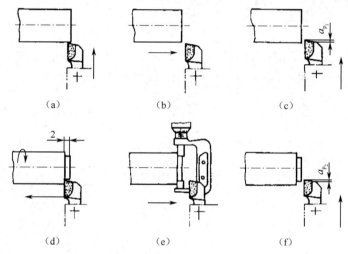

图 1-11　试切的操作步骤

### 1.3.3　车台阶

#### 1. 车刀的选择与安装

加工台阶轴类加工件时应选用 90°外圆车刀，装夹时将主切削刃紧贴在工件的已加工端面上，要求刀尖与端面接触，切削刃与端面有很小的倾斜间隙，用工件端面检查主偏角（见图 1-12），用手大致拧紧刀架螺钉，移动床鞍使车刀离开端面后再紧固。

#### 2. 台阶外圆的车削方法和步骤

加工低台阶类加工件时用 90°外圆车刀直接车出，加工高台阶类加工件时用 75°外圆车刀先粗车，再用 90°外圆车刀将台阶车成直角，如图 1-13 所示。

1）确定台阶的车削长度

常用的方法有两种：一种是刻线痕法，另一种是床鞍刻度盘控制法。两种方法都有一定误差，刻线或用床鞍刻度值都应比所需长度略短 0.5～1mm，以留有余地。

（1）刻线痕法。以已加工面为基准，用钢直尺量出台阶长度，开车，用刀尖刻出线痕，如图 1-14（a）所示。

（2）床鞍刻度盘控制法［见图1-14（b）］。移动床鞍和中滑板，使刀尖靠近工件端面，开机，移动小滑板，使刀尖与工件端面相擦，将车刀横向快速退出，并将床鞍刻度调到零位。车削时，可利用刻度值来控制台阶的车削长度，如利用刻度值先在工件上刻出台阶长度的线痕，再根据线痕进行车刀操作。

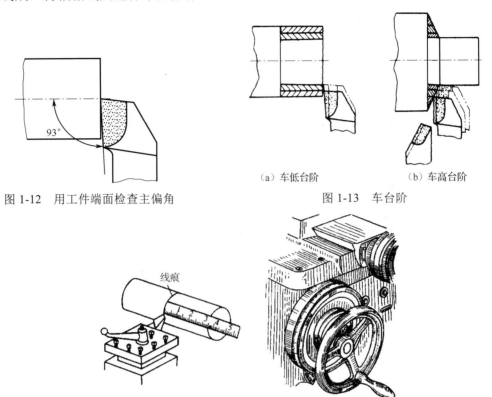

图1-12　用工件端面检查主偏角

（a）车低台阶　　　　（b）车高台阶

图1-13　车台阶

（a）刻线痕法　　　　（b）床鞍刻度盘控制法

图1-14　确定台阶的车削长度

2）机动进给粗车台阶外圆

（1）开动机床，按粗车要求调整进给量。

（2）调整背吃刀量，进行试切削，具体方法与车外圆相同。

（3）移动床鞍，使刀尖靠近工件时合上机动进给手柄；当车刀刀尖距离退刀位置1～2mm时停止机动进给，改为手动进给；车至所需长度时将车刀横向退出。此时床鞍回到起始位置，之后再进行第二次操作。台阶外圆和长度粗车各留精车余量0.5～1mm。

3）精车台阶外圆和端面

（1）按精车要求调整切削速度和进给量。

（2）试切外圆，调整切削速度，尺寸符合图样要求后合上机动进给手柄，精车台阶外圆至离台阶端面1～2mm时停止机动进给，改为手动进给，继续车外圆。当刀尖切入台阶面时将车刀横向慢慢退出，车平台阶面。

（3）测量台阶长度（见图1-15）。粗车用钢直尺测量，精车用深度游标卡尺测量。

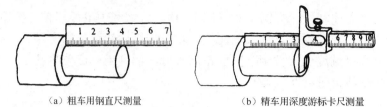

（a）粗车用钢直尺测量　　　　　　　　（b）精车用深度游标卡尺测量

图 1-15　测量台阶长度

（4）根据测量结果及小滑板刻度盘的刻度值调整车端面的背吃刀量。

（5）开车，将车刀由外向里均匀地精车端面，当刀尖车至外圆与端面相交处时，车刀先横向退出 0.5～1mm，然后移动床鞍纵向退出。

（6）在外圆上倒去锐角。

4）车台阶容易产生的缺陷

（1）台阶面不平。主要原因是车刀安装时主偏角小于 90°。

（2）台阶直角处不清角。主要原因是刀尖圆弧太大或过渡刃太宽，其次是车外圆和台阶面时未车到根部。

（3）台阶直角处车成凹形。主要原因是当用主偏角 93°车刀车削时，中滑板未进行由里向外的横向进给。

## 1.3.4　车圆弧

### 1. 车刀的选择与安装

车削圆弧时常采用圆弧车刀或成形车刀，此处采用圆弧车刀。车刀的安装方法在 1.3.3 节讲过，此处不再赘述。

### 2. 圆弧的车削方法和步骤

此次圆弧的车削采用双手控制法，该方法是圆弧车削最基本的方法之一，也是锻炼双手操纵基本功的有效途径。操作时用双手同时移动床鞍、中滑板和小滑板，通过纵横向的合成运动车出凹圆弧形状。操作的关键在于双手摇动手柄的速度配合是否恰当，因为圆弧的每一点其纵、横向进给速度都不一样，它是由双手操纵的熟练程度来保证的。因此，必须反复练习，最终达到进退自如。具体操作方法和步骤如下。

（1）调整转速 280r/min，开动机床。

（2）以端面为基准，用钢直尺量出长度 64mm、50mm、16.7mm，并分别在这三处用圆弧车刀刻线。

（3）在 50mm 刻线处缓慢摇动中滑板，用圆弧车刀进行横向进给，将槽的直径控制在 $\phi$12mm。

（4）移动床鞍和中滑板，使圆弧车刀刀尖在离槽右侧 2mm 处与工件外圆轻轻接触，同时用双手移动床鞍和中滑板（床鞍向槽方向移动）。床鞍进给速度开始时要慢，之后逐步加快；中滑板恰好相反，开始时要快些，之后再逐步减慢。双手动作必须配合协调，才能将圆弧面的形状车正确（床鞍和中滑板要确保同时移动、同时停止）。

（5）在槽的左侧采用同样的方法进行车削，车圆弧时尽量在槽的两边交替进行，缓慢向槽两边扩展，每次扩展量都控制在 1～2mm，同时不超过 64mm 处的刻线。

（6）采用相同的方法车削 R40mm 圆弧。

**3．检测**

（1）圆弧的检测工具一般为半径规或自制的样板，检测方法为透光法，如图 1-16 所示。在普通机床上必须边车边用样板或目测检查，同时进行修整，以免车削过程中出现废品。圆弧面用样板检查的方法检测时，在凸出部位用粉笔涂色做记号，以便下一次车削时用车刀直接对准涂色处将凸出部分车去，边车边检测交替进行，直至达到要求的尺寸为止，同时用透光法检测是否满足 $r=R$。

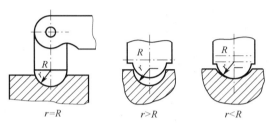

r=R      r>R      r<R

图 1-16　用透光法检测圆弧

（2）圆弧中心处的直径和长度采用游标卡尺进行测量。

# 任务 1.4　综合练习

**任务要求**

1．小组讨论并根据工序图制定加工工序。

2．根据已制定的加工工序进行小酒杯的车削加工。

3．依据评价表对作品进行自评、互评。

**任务准备**

1．设备：CA6140 普通车床、活络顶尖。

2．刀具：90°正偏刀、圆弧车刀。

3．工具：一字螺钉旋具、卡盘钥匙、加力杆、刀架钥匙、垫片、棉纱等。

4．量具：游标卡尺、钢直尺、圆弧样板。

5．材料：$\phi$35mm×100mm 圆钢。

6．与本次授课内容相关的课件及其他设备。

**任务实施**

1．在多媒体教室上课，指导教师在课堂上结合相关零件车削工艺，通过 PPT 课件、视频等进行本节课的教学；学生分组。

2．每组学生讨论小酒杯加工工艺过程。

3．每组学生根据工序卡片（见表 1-1）进行小酒杯加工。

4．加工完成，学生整理工/量具，清理设备和场地。

**任务评价**

学生依据评价表对完成的作品进行自评、互评，并将赋分填入表 1-2；指导教师对任务实施情况进行检查，并将赋分填入表 1-2。

**表1-1　工序卡片**

| 机械加工工序卡片 | 产品型号 | | 零件图号 | | 共4页 |
|---|---|---|---|---|---|
| | 产品名称 | 小酒杯 | 零件名称 | | 第1页 |

| 车间 | 工序号 | 工序名称 | 材料牌号 |
|---|---|---|---|
| 金工 | 1 | 粗车 | 45# |

| 毛坯种类 | 毛坯外形尺寸 | 每毛坯可制件数 | 每台件数 |
|---|---|---|---|
| 轧制型材 | φ35mm×100mm | 1 | |

| 设备名称 | 设备型号 | 设备编号 | 同时加工件数 |
|---|---|---|---|
| 卧式车床 | CA6140 | | 1 |

| 夹具编号 | 夹具名称 | 工位器具编号 | 工位器具名称 | 切削液 |
|---|---|---|---|---|
| | | | | |

| | 工序工时（min） |
|---|---|
| 准终 | 单件 |
| | |

零件图（φ35、φ30.5、φ28，尺寸10、32、64、70）

| 工步号 | 工步内容 | 工艺装备 | 主轴转速 r/min | 切削速度 m/min | 进给量 mm/r | 切削深度 mm | 进给次数 | 工步工时 机动 | 工步工时 辅助 |
|---|---|---|---|---|---|---|---|---|---|
| | 三爪装夹，伸出90mm | 三爪卡盘 | | | | | | | |
| 1 | 车端面 | 45°车刀 | 280 | | 0.1 | 0.5 | 1 | | |
| 2 | 在10mm、7mm处划线 | 45°车刀 | 280 | 31 | 0.1 | 0.1 | 1 | | |
| 3 | 离端面10mm粗车/精车外圆至φ30.5mm，长度70mm处 | 圆弧车刀 | 280 | 27 | 0.1 | 1/0.3 | 3 | | |
| 4 | 离端面32mm粗车/精车外圆至φ28mm，长度70mm处 | 圆弧车刀 | 280 | 25 | 0.1 | 1/0.3 | 2 | | |

| 设计（日期） | 校对（日期） | 审核（日期） | 标准化（日期） | 会签（日期） |
|---|---|---|---|---|
| | | | | |

| 标记 | 处数 | 更改文件号 | 签字 | 日期 | 标记 | 处数 | 更改文件号 | 签字 | 日期 |
|---|---|---|---|---|---|---|---|---|---|

续表

机械加工工序卡片

| | 产品型号 | | 零件图号 | | | 共4页 | 第2页 |
|---|---|---|---|---|---|---|---|
| | 产品名称 | | 零件名称 | 小酒杯 | | | 材料牌号 45# |

| 车间 | 金工 | 工序号 | 1 | 工序名称 | 粗车 | 每台件数 | |
| 毛坯种类 | 轧制型材 | 毛坯外形尺寸 | φ35mm×100mm | | 每毛坯可制件数 | | 同时加工件数 1 |
| 设备名称 | 卧式车床 | 设备型号 | CA6140 | 设备编号 | | | |
| 夹具编号 | | 夹具名称 | | | | 切削液 | |
| 工位器具编号 | | 工位器具名称 | | | | 工序工时(min) 准时 | 单件 |

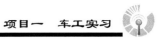

| 工步号 | 工步内容 | 工艺装备 | 主轴转速 r/min | 切削速度 m/min | 进给量 mm/r | 切削深度 mm | 进给次数 | 工步工时(min) 机动 | 辅助 |
|---|---|---|---|---|---|---|---|---|---|
| 5 | 在16.7mm、37mm、50mm、64mm处划线 | 45°外圆车刀 | 280 | 25 | 0.1 | 0.1 | 1 | | |
| 6 | 用双手控制法车R15圆弧至图样尺寸 | 圆弧车刀 | 280 | 27 | 0.1 | 1/0.3 | 1 | | |
| 7 | 用双手控制法车R40圆弧至图样尺寸 | 圆弧车刀 | 280 | 50 | 0.1 | 1/0.3 | 3 | | |
| | | | 设计(日期) | 校对(日期) | 审核(日期) | 标准化(日期) | | 会签(日期) | |
| 标记 | 处数 | 更改文件号 | 签字 | 日期 | 标记 | 处数 | 更改文件号 | 签字 | 日期 |

续表

机械加工工序卡片

| | 产品型号 | | | 零件图号 | | 共 4 页 | 第 3 页 |
|---|---|---|---|---|---|---|---|
| | 产品名称 | | | 零件名称 | 小酒杯 | 材料牌号 | 45# |

| 车间 | 金工 | 工序号 | 1 | 工序名称 | 精车 | | |
|---|---|---|---|---|---|---|---|
| 毛坯种类 | 轧制型材 | 毛坯外形尺寸 | φ35mm×100mm | 每毛坯可制件数 | | 每台件数 | 1 |
| 设备名称 | 卧式车床 | 设备型号 | CA6140 | 设备编号 | | 同时加工件数 | 1 |

| 夹具编号 | 夹具名称 | 工位器具编号 | 工位器具名称 | 切削液 |
|---|---|---|---|---|

| | | | | | 工序工时（min） | |
|---|---|---|---|---|---|---|
| | | | | | 准终 | 单件 |

零件图尺寸：φ30、φ23、R76、26

| 工步号 | 工步内容 | 工艺装备 | 主轴转速 r/min | 切削速度 m/min | 进给量 mm/r | 切削深度 mm | 进给次数 | 工步工时 机动 | 工步工时 辅助 |
|---|---|---|---|---|---|---|---|---|---|
| 8 | 钻孔，深 26mm | φ22mm 麻花钻 | 280 | 21 | 0.2 | | 1 | | |
| 9 | 车 R76 内圆弧孔 | 内孔车刀 | 280 | 22 | 0.1 | 0.5/0.1 | 4 | | |

| | | | 设计（日期） | 校对（日期） | 审核（日期） | 标准化（日期） | 会签（日期） |
|---|---|---|---|---|---|---|---|
| 标记 | 处数 | 更改文件号 | 签字 | 日期 | | | |
| 标记 | 处数 | 更改文件号 | 签字 | 日期 | | | |

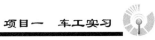

续表

机械加工工序卡片

| 产品型号 | | 零件图号 | | 共 4 页 | 第 4 页 |
|---|---|---|---|---|---|
| 产品名称 | 小酒杯 | 零件名称 | | | 材料牌号 45# |

| 车间 金工 | 工序号 1 | 工序名称 精车 |
|---|---|---|
| 毛坯种类 轧制型材 | 毛坯外形尺寸 φ35mm×100mm | 每毛坯可制件数 1 ｜ 每台件数 |
| 设备名称 卧式车床 | 设备型号 CA6140 | 设备编号 ｜ 同时加工件数 |
| 夹具编号 | 夹具名称 | 切削液 |
| 工位器具编号 | 工位器具名称 | 工序工时（min） 准终 ／ 单件 |

零件图：用双手控制法车 R1、R10、R15 圆弧至图样尺寸。图示尺寸：φ35、R40、R1、R10、3.2、R15、φ30.5、27、36、50、67、φ8、φ28、3

| 工步号 | 工步内容 | 工艺装备 | 主轴转速 r/min | 切削速度 m/min | 进给量 mm/r | 切削深度 mm | 进给次数 | 工步工时 机动 | 工步工时 辅助 |
|---|---|---|---|---|---|---|---|---|---|
| 10 | 用双手控制法车 R1、R10、R15 圆弧至图样尺寸 | 圆弧车刀 | 280 | 7～27 | 0.1 | 0.5/0.1 | 5 | | |
| 11 | 切断，保证总长为 67mm | 切断刀 | 280 | 3～25 | | | | | |

| | | 设计（日期） | 校对（日期） | 审核（日期） | 标准化（日期） | 会签（日期） |
|---|---|---|---|---|---|---|
| 标记 | 处数 | 更改文件号 | 签字 | 日期 | | |
| 标记 | 处数 | 更改文件号 | 签字 | 日期 | | |

### 表1-2 小酒杯加工评价表

班级：_____ 姓名：_____ 序号：_____ 互评学生姓名：_____ 序号：_____

| 序号 | 考核项目 | 考核内容 | 配分 IT[1] | 配分 Ra[2] | 评分标准 | 自评 实测 | 自评 得分 | 互评 实测 | 互评 得分 | 教师评价 实测 | 教师评价 得分 |
|---|---|---|---|---|---|---|---|---|---|---|---|
| 1 | 外圆 | $\phi$（35±0.2）mm<br>Ra 1.6μm | 10[3] | | 每超差0.1mm扣2分 | | | | | | |
| 2 | | $\phi$（30.5±0.3）mm<br>Ra 1.6μm | 10 | | 每超差0.1mm扣2分 | | | | | | |
| 3 | | $\phi$（28±0.2）mm<br>Ra 1.6μm | 10 | | 每超差0.1mm扣2分 | | | | | | |
| 4 | | $\phi$（8±0.2）mm<br>Ra 1.6μm | 10 | | 每超差0.1mm扣2分 | | | | | | |
| 5 | 圆弧 | R40mm<br>Ra 3.2μm | 5 | 3 | 1.与样板符合度超差0.4mm不得分；<br>2. Ra每超差一级扣2分 | | | | | | |
| 6 | | R15mm<br>Ra 3.2μm | 5 | 4 | 1.与样板符合度超差0.4mm不得分；<br>2. Ra每超差一级扣2分 | | | | | | |
| 7 | | R10mm<br>Ra 3.2μm | 5 | 3 | 1.与样板符合度超差0.4mm不得分；<br>2. Ra每超差一级扣2分 | | | | | | |
| 8 | 长度 | （67±0.3）mm | 10 | | 每超差0.1mm扣2分 | | | | | | |
| 9 | | （3±0.1）mm | 10 | | 每超差0.1mm扣2分 | | | | | | |
| 10 | 6S | 着装、卫生、工/量具摆放情况、安全、素养 | 15[3] | | 1.工装、帽子等防护用品穿戴不符合规范要求每次扣5分；<br>2.实训期间串岗、打闹、玩手机或看无关书籍每次扣5分；<br>3.违反设备操作规程每次扣5分；<br>4.实训后不能保持场地、设备、工/量具等整齐有序每次扣5分 | | | | | | |
| 11 | | 总分 | | | | | | | | | |

————————————

① 国际、公差。

② 算数平均偏差。

③ 最高10分，最低0分。后面的配分都遵循此规则。

# 项目二　铣工实习

**知识目标**

1．了解铣削的工艺范围。

2．熟悉普通铣床的型号及组成。

3．了解铣刀的分类及用途。

4．了解铣床的主要附件及用途。

**能力目标**

1．基本掌握铣刀的安装方法，能在平口钳上正确地装夹工件。

2．掌握平面和沟槽的铣削方法，能正确使用量具测量铣削件。

**素质目标**

1．培养学生分工协作、合作交流、分析和解决实际问题的能力。

2．培养学生细心观察、反复实践、有理想、敢担当、能吃苦、肯奋斗的职业精神。

3．学习大国工匠的先进事迹，培养学生严谨规范、爱岗敬业、执着专注、精益求精的工匠精神。

4．培养学生正确的劳动观点、求实精神、质量和经济意识、安全意识。

## 任务 2.1　铣工实习入门指导

**任务要求**

1．了解铣削的工艺范围。

2．熟悉普通铣床的型号及组成。

3．了解各类铣刀的分类及用途。

4．了解铣床的主要附件及用途。

5．初步掌握铣床的操作方法。

6．学会使用平口钳装夹工件的方法。

7．会铣削平面。

**任务准备**

1．设备：XQ5025B 铣床、平口钳、立铣头、分度头。

2．刀具：立铣刀、键槽铣刀、三面刃铣刀、锯片铣刀。

3．工具：一字螺钉旋具、平口钳扳手、活络扳手、垫铁、铜棒、棉纱等。

4．量具：游标卡尺、钢直尺。

5．材料：$\phi$55mm×20mm 铝合金一块。

6．与本次授课内容相关的课件及其他设备。

**任务实施**

1. 在多媒体教室上课，指导教师在课堂上结合刀具实物，通过 PPT 课件、视频等讲解铣床加工范围，分度头分度原理、方法，以及本节课的学习目的、要求等；学生分组。

2. 指导教师现场讲解、演示铣床的组成及各部分的用途，工件装夹及自动走刀铣平面等操作方法。

3. 学生在指导教师的指导下进行铣床操作、工件装夹及铣平面等练习。

## 2.1.1 铣削的工艺范围

铣削是铣刀旋转作主运动、工件或铣刀作进给运动的切削加工方法。其工艺范围包括加工平面（水平面、垂直面、斜面、台阶面）、沟槽（直角沟槽、键槽、燕尾槽、特形槽、螺旋槽）、等分件（齿轮、花键、离合器）和多种成形表面，如图 2-1 所示。

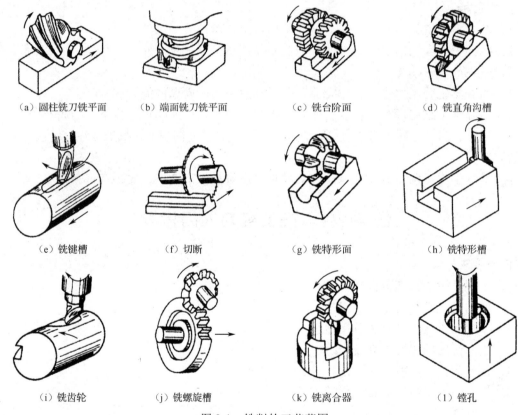

| （a）圆柱铣刀铣平面 | （b）端面铣刀铣平面 | （c）铣台阶面 | （d）铣直角沟槽 |

| （e）铣键槽 | （f）切断 | （g）铣特形面 | （h）铣特形槽 |

| （i）铣齿轮 | （j）铣螺旋槽 | （k）铣离合器 | （l）镗孔 |

图 2-1　铣削的工艺范围

## 2.1.2 铣床型号及组成

在现代机器制造中，铣床约占金属切削机床总数的 25%。铣床的种类较多，主要有升降台铣床（其中常用的是卧式升降台铣床和立式升降台铣床）、工具铣床、落地龙门铣床及专用铣床等。铣床型号的编制方法举例如图 2-2 所示。

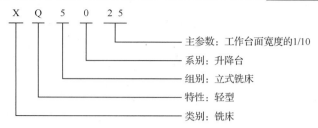

图 2-2 铣床型号的编制方法举例

下面以 X6132 卧式万能升降台铣床为例，介绍铣床的主要部件，如图 2-3 所示。

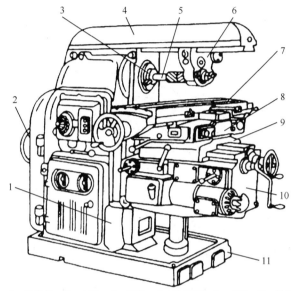

1—床身；2—电动机；3—主轴；4—横梁；5—铣刀杆；6—支架；7—纵向工作台；
8—回转台；9—横向工作台；10—升降台；11—底座。

图 2-3 X6132 卧式万能升降台铣床

（1）横梁和支架。横梁和支架用于安装卧铣加工的铣刀杆的外端，以提高铣刀杆的刚性。横梁可根据铣刀杆的长度在床身的导轨上移动，调节伸出长度。X6132 卧式万能升降台铣床通常配有孔径分别为 18mm、60mm 的两个支架，以安装不同直径的铣刀杆。

（2）工作台和升降台。纵向工作台、横向工作台和升降台可以分别实现纵向、横向、升降三个方向的进给运动。松开回转台和横向工作台的锁紧螺母，纵向工作台可作±45°的偏转。升降台上装有进给电机和进给传动机构。

（3）床身和底座。床身是机床的主体，用优质铸铁做成箱体结构，刚性较好。其内部装有孔盘式变速机构和传动机构。底座前端的空心部分用来存储冷却液。

## 2.1.3 铣刀的分类及用途

铣刀的几何形状较复杂，种类较多。按形状和用途，可将铣刀分为以下几种。

（1）圆柱铣刀（见图 2-4），用于铣平面。

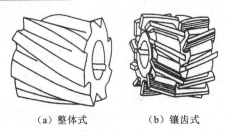

（a）整体式　　　（b）镶齿式

图 2-4　圆柱铣刀

（2）硬质合金端面铣刀（见图 2-5），应用较广，主要用于铣平面。通常将硬质合金刀片用斜楔与螺钉夹固于刀盘上。

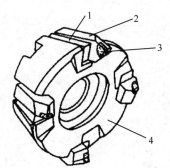

1—斜楔；2—刀杆；3—刀片；4—刀盘。

图 2-5　硬质合金端面铣刀

（3）三面刃铣刀（见图 2-6），主要用于铣沟槽与台阶面。其圆柱刃主要起切削作用，端面刃主要起修光作用。

（4）锯片铣刀（见图 2-7），主要用于切断工件及铣窄槽。切削部分仅有圆周切削刃，其厚度沿径向从外至中心逐渐变薄；锯片铣刀刀齿按齿数不同分为粗齿与细齿两种。

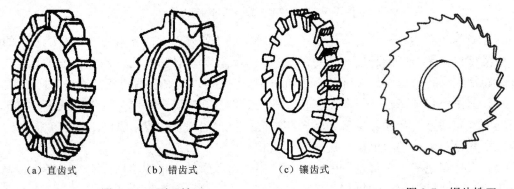

（a）直齿式　　　（b）错齿式　　　（c）镶齿式

图 2-6　三面刃铣刀　　　　　　　　　图 2-7　锯片铣刀

（5）立铣刀（见图 2-8），主要用于铣台阶面、小平面和相互垂直的平面。其圆柱刃主要起切削作用，端面刃主要起修光作用，故不能作轴向进给。立铣刀刀齿分为粗齿与细齿两种。用于安装的柄部有圆柱柄与莫氏锥柄两种，通常小直径为圆柱柄、大直径为莫氏锥柄。

（6）键槽铣刀（见图 2-9），用于铣键槽、台阶面。其外形与立铣刀相似，与立铣刀的主要区别在于其只有两个螺旋刀齿，且端面刃延伸至中心，故可作轴向进给，直接切入工件。

图 2-8 立铣刀

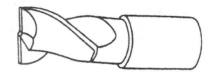

图 2-9 键槽铣刀

（7）角度铣刀（见图 2-10），主要用于加工带角度的零件、多齿刀具的容屑槽等。

（8）成形铣刀（见图 2-11），主要用于加工成形面与特形面，如渐开线齿轮、圆弧槽等。

图 2-10 角度铣刀        图 2-11 成形铣刀

## 2.1.4 铣床的主要附件及用途

### 1. 平口钳

平口钳是铣床的基本附件，也是常见的通用夹具，主要用来装夹中小型零件。平口钳用梯形螺栓固定在铣床工作台上，如图 2-12 所示。

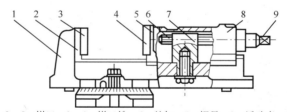

1—钳体；2、5—钳口；3、4—钳口铁；6—丝杠；7—螺母；8—活动座；9—方头。

图 2-12 平口钳

### 2. 分度头

分度头是铣床的重要附件之一，可用来装夹轴类、盘套类零件并实现分度。它是铣床加工螺旋槽、齿轮、花键、离合器等零件时必不可少的工艺装备。

分度头由主轴、回转体、分度装置、传动机构和底座组成，如图 2-13 所示。

分度头的主轴前端有莫氏锥孔，用于安装顶尖支承工件；外部有定位圆锥体，用于安装三爪卡盘并装夹工件。主轴正面回转体上有刻度盘，用于加工简单多面体时直接分度。侧面分度装置由分度盘、分度叉和分度手柄组成，用于精确分度。转动分度手柄，经传动比为 1 的圆柱齿轮副、传动比为 1/40 的蜗杆副，可带动分度头主轴回转，从而实现分度运动。若要工件转 1 转，分度手柄需转 40 转。因此，如工件的等分数为 Z，则分度手柄每次分度所需转动的转数如下：

$$n= 40×1/Z =40/Z$$

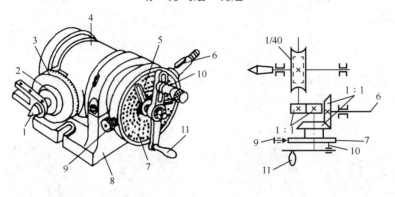

（a）　　　　　　　　　（b）

1—顶尖；2—主轴；3—刻度盘；4—回转体；5—分度叉；6—挂轮轴；
7—分度盘；8—底座；9—锁紧螺钉；10—插销；11—分度手柄。

图 2-13　分度头

当用上式求得的 n 不是整数时，就要借助分度盘进行分度。例如：Z = 6，n = 40/6 = 6+2/3。分度盘是分度头的配件。每个分度头一般配有两块分度盘供选用。分度盘正反两面各有若干孔距精度很高的孔圈，孔数均不相同。FW100 分度头的两块分度盘的孔圈及其孔数分别如下：

第一块　　正面：24，25，28，30，34，37

　　　　　反面：38，39，41，42，43

第二块　　正面：46，47，49，51，53

　　　　　反面：54，57，58，59，62，66

当采用分度盘进行分度时，分度手柄的转数可用下式计算求得：

$$n=40/Z=a+p/q$$

式中，a 为分度手柄每次应转过的整转数；q 为所选分度盘孔圈的孔数；p 为分度手柄还应在孔数为 q 的孔圈上转过的孔数。

上例中，n= 6+2/3=6+44/66，即如采用 FW100 分度头，可选用第二块分度盘，并将分度手柄定位在孔数为 66 的孔圈上。每次分度，手柄需先转 6 圈，再转到第 45（44+1）个孔。这时，主轴准确地转过了分度所需的 1/6 转。

为避免每次分度数孔数产生差错，可调整分度叉，使两块叉板之间所夹的孔数为 p+1。若顺时针转动分度手柄，则分度前应将左侧叉板紧贴定位销，分度时拔出定位销，转动 a 圈后紧贴右侧叉板孔定位。在每次分度后，可顺着分度手柄转动的方向拨动分度叉，使左侧叉板再次紧贴定位销，为下次分度做准备。

以上分度方法称为简单分度法，是最常用的分度方法之一。此外，还有直接分度法、角度分度法和差动分度法等。

### 3．立铣头

立铣头主要用于卧式升降台铣床装夹立铣刀、指形铣刀和键槽铣刀，从而扩大其加工范围。使用立铣头时将其固定在卧式铣床的立柱导轨上，在主轴锥孔中装上传动齿轮，以便传动立铣头主轴实现主运动，如图 2-14 所示。

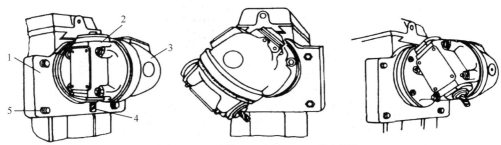

1—底座；2、3—壳体；4—立铣刀；5—固定螺栓。

图 2-14　立铣头

## 2.1.5　铣床操作练习

### 1．机床的操作

（1）启动、停止（以 XQ5025B 铣床为例，如图 2-15 所示）。打开电源开关，按下启动按钮，启动机床；按下停止按钮，机床停止运转。

（2）主轴转速、进给量调整。铣床变速是通过滑移齿轮机构实现的，即当大齿轮带动小齿轮时增速；反之，减速。但要注意运转时不能变速。如果在机床运转时变速，会发生啮合齿轮的相互撞击，引发轮齿变形、折断等事故。

转速调整：向外拉开并转动变速手柄，将箭头指准需要的转速，合上手柄。如果出现手柄合不上的情况，可按电器箱左边的变速点动按钮，等几秒钟后再合上手柄。

手动进给：手动进给时，三个方向分别通过三个手柄控制，手柄顺时针转动时工作台向前（上）移动，逆时针转动时工作台向后（下）移动。要特别注意手柄转向与工作台移动方向的关系，转反会引起撞刀等事故。每个手柄上都有刻度盘，纵向、横向刻度的精度为 0.05mm/格，上、下方向为 0.02mm/格。刻度盘上有锁紧螺钉，松开螺钉可完成对零。

机动进给：机动进给时，由两个手柄控制，都是直观操纵，即手柄扳动方向就是进给方向。横向工作台上的手柄控制纵向移动（左右）。升降台上的手柄控制横向、升降运动（前后、上下）。

快速移动：用两个机动进给手柄选择方向，按下点动的快速移动按钮。注意此时工作台移动速度很快（纵向为 2700mm/min，横向为 1800mm/min，升降为 1000mm/min），要保留安全距离以免相撞。

（3）锁紧机构。铣床的各个工作台是依靠丝杆螺母机构实现传动的。丝杆螺母机构存在一定的间隙，使得工作台受力后产生移动，从而影响工件尺寸精度，所以铣床的三个工作台都有机械锁紧机构，如图 2-15 所示的 2、4、10 号。

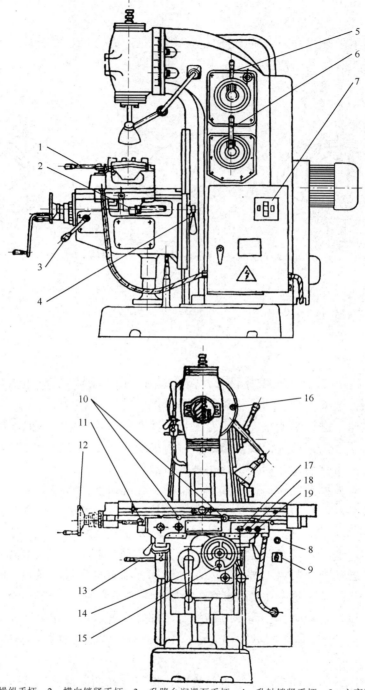

1—纵向机动操纵手柄；2—横向锁紧手柄；3—升降台润滑泵手柄；4—升轴锁紧手柄；5—主变速操纵手柄；
6—进给传动变速手柄；7—电源开关；8—变速点动按钮；9—电泵电源开关；10—纵向移动锁紧螺钉；
11—工作台润滑泵手柄；12—纵向移动操纵手柄；13—横向及升降机动操纵手柄；14—升降移动摇把；
15—横向移动手轮；16—立铣头零位定位销钉；17—停止按钮；18—启动按钮；19—快速移动按钮。

图 2-15　XQ5025B 铣床

## 2．铣床的日常保养

（1）由上往下用毛刷刷掉铁屑，将 T 形槽内的铁屑刷到两端后用铁屑盘接住刷出。

（2）用回丝擦拭机床导轨及表面。

（3）给注油孔、导轨面加油。

（4）将纵向工作台摇到中间位置，将横向工作台摇到靠近床身位置。

## 2.1.6　工件装夹

一般对于中小尺寸、形状规则的工件，宜采用平口钳装夹。

### 1. 平口钳的使用方法

安装平口钳时，应擦净平口钳底面与铣床工作台面。为增加平口钳的刚性，在不需要回转角度时，可将回转底盘拆去。安装后，应调整钳口与机床的相对位置，可用固定于主轴上的划针或将一根大头针用黄油粘在刀具上代替划针校正［见图2-16（a）］。校正平口钳时，将针尖靠近固定钳口，移动工作台，观察针尖与钳口的距离是否相等，若不相等则应调整至相等。也可用杠杆百分表代替划针［见图2-16（b）］或用宽度角尺校正平口钳［见图2-16（c）］。

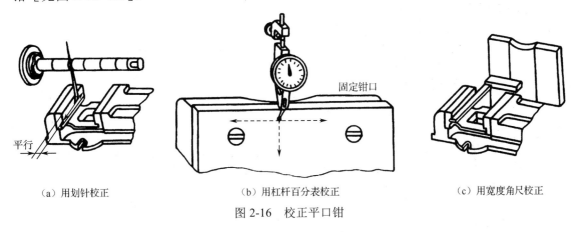

（a）用划针校正　　　　　　　（b）用杠杆百分表校正　　　　　　　（c）用宽度角尺校正

图2-16　校正平口钳

### 2. 工件的装夹要领

（1）应将工件的基准面紧贴固定钳口或钳体的导轨面，并使固定钳口承受铣削力（见图2-17）。

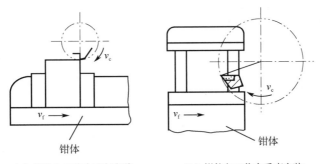

（a）钳体与工作台平行安装　　　　　（b）钳体与工作台垂直安装

图2-17　使固定钳口承受铣削力

（2）工件的装夹高度以铣削尺寸高出钳口平面 3～5mm 为宜，如装夹位置不合适，则应在工件下面垫上适当厚度的平行垫铁。垫铁应具有合适的尺寸、表面粗糙度及平行度。

（3）为使工件基准面紧贴固定钳口，可在活动钳口与工件之间垫一根圆棒（见图 2-18）。

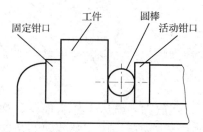

图 2-18　在活动钳口与工件之间垫一根圆棒

（4）为保护钳口与避免夹伤已加工工件表面，应在工件与钳口之间垫钳口铁、铜皮。

（5）夹紧工件时，应将工件向固定钳口方向轻轻推压，将工件轻轻夹紧后可用铜锤等轻轻敲击工件，以使工件紧贴于底部垫铁上，最后再将工件夹紧。如图 2-19 所示为使用平口钳装夹工件的几种情况。

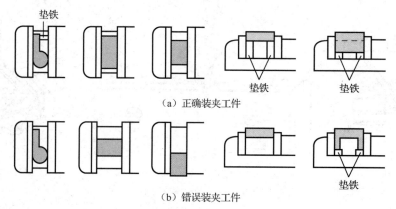

图 2-19　使用平口钳装夹工件的几种情况

## 2.1.7　平面铣削操作要领

（1）调整主轴转速与进给量。主轴转速是通过铣削速度 $v_c$ 来调整的。采用高速钢铣刀铣削时，粗铣取 $v_c$=0.3～0.5m/s，精铣取 $v_c$=1.5～2.5m/s。

进给量通常通过选择每齿进给量 $f_z$ 来调整。粗铣取 $f_z$=0.1～0.25mm/z，精铣取 $f_z$=0.05～0.12mm/z。

（2）对刀。启动铣床，转动工作台手柄，使工作台慢慢靠近铣刀，当铣刀与工件表面轻轻接触后记下工作台刻度盘的刻度值，作为进刀起始点，再退出铣刀，以便进刀。注意，通常不允许直接在工件表面进刀。

（3）试切、调整铣削深度。根据工件加工余量选择合适的铣削深度 $a_p$，一般情况下，粗铣取 $a_p$=2.5～5mm，精铣取 $a_p$=0.3～1mm。试切时，手动上升工作台，上升高度以对刀时所记刻度值为基准，向上摇动 2.5～5mm，再手动进给试切 2～3mm，然后退出工件。停车测量尺寸，如尺寸符合要求，即可进行铣削；如尺寸过大或过小，则应重新调整铣削深度，再进行铣削。

（4）铣削时，注意加注合适的切削液。为保证铣削质量，进给时应待铣刀全部脱离工件表面后方可停止进给。退刀时，应先使铣刀退出铣削表面，再将工作台退回起始位置，以免加工表面被铣刀拉毛。

（5）平面的检验。平面尺寸可用游标卡尺或千分尺检验；平面度可用刀口形直尺或百分表检验；平面的垂直度可用宽度角尺检验；平行度可用千分尺或百分表检验。

# 任务 2.2  综合练习

**任务要求**

1．小组讨论并根据序号牌图样的尺寸、技术要求制定加工工序。

2．根据已制定的加工工序进行序号牌的铣削。

3．依据评价表对作品进行自评、互评。

**任务准备**

1．设备：XQ5025B 铣床、平口钳。

2．刀具：立铣刀、键槽铣刀。

3．工具：一字螺钉旋具、平口钳扳手、垫铁、铜棒、棉纱等。

4．量具：游标卡尺、高度尺、深度尺、直角尺。

5．材料：$\phi 55mm \times 20mm$ 铝合金一块。

6．与本次授课内容相关的课件及其他设备。

**任务实施**

1．在多媒体教室上课，指导教师在课堂上结合序号牌图样、加工工艺，通过 PPT 课件、视频等进行本节课的教学；学生分组。

2．每组学生讨论序号牌的加工步骤，并进行记录。

3．每组学生根据下列加工步骤制作序号牌。

序号牌的加工内容有铣平面（包括平行面、垂直面）、铣对称台阶、铣沟槽，需要单向、双向和三向对刀。序号牌的加工是掌握铣削基本操作很好的入门练习。其中厚度可根据坯料的大小由 $32_{-0.2}^{0}\,mm$ 改为 $18_{-0.2}^{0}\,mm$，其中，序号为学生花名册上的序号。例如，序号牌 02 的图样如图 2-20 所示。

**1．矩形工件的铣削，用端铣刀（第 1 道工序）**

矩形工件的铣削步骤如图 2-21 所示。

（1）铣 A 面（大面）：将 D 面朝下，并在平口钳的导轨面上垫上高度合适的平行垫铁。在活动钳口处放置一个螺母以夹紧工件，并用榔头轻敲工件至垫铁不摇动。开启机床，均匀摇动升降手柄，使工件与刀具轻轻相擦，移动纵向工作台退出工件。将升降手柄刻度盘调零，拨至需要的切深后扳纵向机动操纵手柄加工平面。铣完 A 面后，用直角尺的刀口检验 A 面的平面度。

（2）铣 B 面：以 A 面为基准并紧贴固定钳口装夹，将 C 面朝下，并在平口钳的导轨面上垫上高度合适的平行垫铁，铣削。铣完 B 面后，用直角尺检验 A 面与 B 面的垂直度。

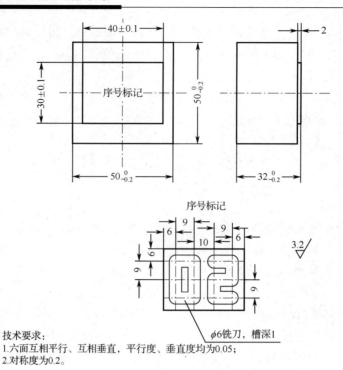

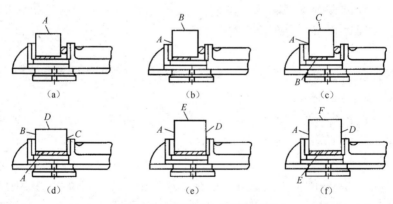

技术要求：
1. 六面互相平行、互相垂直，平行度、垂直度均为0.05；
2. 对称度为0.2。

图 2-20  序号牌 02 的图样

图 2-21  矩形工件的铣削步骤

（3）铣 C 面：以 A 面为基准并紧贴固定钳口装夹，将 B 面朝下，并用榔头轻敲工件至垫铁不摇动，铣削。铣完 C 面后，用直角尺检验 C 面与 A 面的垂直度，用游标卡尺检验 C 面与 B 面的平行度和尺寸。

（4）铣 D 面（大面）：用榔头轻敲工件至垫铁不摇动。以 B 面为基准并紧贴固定钳口装夹，铣削。铣完 D 面后，用游标卡尺检验 D 面与 A 面的平行度和尺寸。

（5）铣 E 面：以 A 面为基准并紧贴固定钳口装夹，将工件轻轻夹紧后，用直角尺找正 B 面，以保证与 E 面的垂直度，夹紧工件，铣削。铣完 E 面后，用直角尺检验 E 面与 A、B、C、D 面的垂直度。

（6）铣 F 面：以 A 面为基准并紧贴固定钳口装夹，并用榔头轻敲工件至垫铁不摇动，铣削。铣完 F 面后，用游标卡尺检验 F 面与 E 面的平行度和尺寸。

上述六个面全部铣完后第 1 道工序结束，之后进行工序的检查。

## 2．对称台阶的加工（第 2 道工序）

换上 $\phi$12mm 的立铣刀，先在对称台阶的上表面对刀切深 2mm，然后在侧面对刀加工。对称台阶侧面的铣削步骤如图 2-22 所示。计算时采用中间公差，铣削时采用逆铣方式。

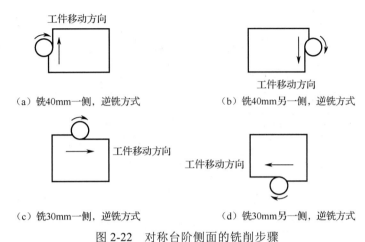

（a）铣40mm一侧，逆铣方式　　　　（b）铣40mm另一侧，逆铣方式

（c）铣30mm一侧，逆铣方式　　　　（d）铣30mm另一侧，逆铣方式

图 2-22　对称台阶侧面的铣削步骤

## 3．加工序号（第 3 道工序）

换上 $\phi$6mm 的键槽铣刀，根据花名册序号进行加工。先在两个侧面对刀，再在上表面对刀，最后移动工作台，如图 2-23 所示。注意间隙的消除和工件的移动方向。

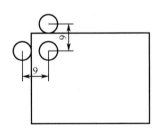
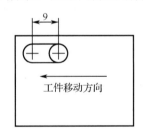
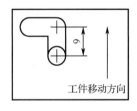

（a）两个侧面对刀，移动9mm　　　（b）铣序号槽，移动9mm　　　（c）铣序号槽，移动9mm

图 2-23　加工序号

### 任务评价

学生依据评价表对完成的作品进行自评、互评，并将赋分填入表 2-1；指导教师对任务实施情况进行检查，并将赋分填入表 2-1。

表 2-1　序号牌加工评价表

班级：_____　姓名：_____　序号：_____　互评学生姓名：_____　序号：_____

| 序号 | 考核项目 | 考核内容 | 配分 | | 评分标准 | 自评 | | 互评 | | 教师评价 | |
| --- | --- | --- | --- | --- | --- | --- | --- | --- | --- | --- | --- |
| | | | IT | *Ra* | | 实测 | 得分 | 实测 | 得分 | 实测 | 得分 |
| 1 | 外观形状 | $50_{-0.2}^{\ 0}$ mm<br>*Ra* 3.2μm | 6 | 4 | 1．超差 0.1mm 扣 2 分；<br>2．*Ra* 超差一级扣 2 分 | | | | | | |

| 序号 | 考核项目 | 考核内容 | 配分 | | 评分标准 | 自评 | | 互评 | | 教师评价 | |
|---|---|---|---|---|---|---|---|---|---|---|---|
| | | | IT | Ra | | 实测 | 得分 | 实测 | 得分 | 实测 | 得分 |
| 2 | 外观形状 | $50_{-0.2}^{0}$ mm Ra 3.2μm | 6 | 4 | 1. 超差 0.1mm 扣 2 分；2. Ra 超差一级扣 2 分 | | | | | | |
| 3 | | （30±0.1）mm Ra 3.2μm | 6 | 4 | 1. 超差 0.1mm 扣 2 分；2. Ra 超差一级扣 2 分 | | | | | | |
| 4 | | （40±0.1）mm Ra 3.2μm | 6 | 4 | 1. 超差 0.1mm 扣 2 分；2. Ra 超差一级扣 2 分 | | | | | | |
| 5 | | 序号 | 20 | | 1 个缺陷扣 5 分 | | | | | | |
| 6 | | 倒角 | 25 | | 1 个边没倒角扣 5 分 | | | | | | |
| 7 | 6S | 着装、卫生、工/量具摆放情况、安全、素养 | 15 | | 1. 工装、帽子等防护用品穿戴不符合规范要求每次扣 5 分；2. 实训期间串岗、打闹、玩手机或看无关书籍每次扣 5 分；3. 违反设备操作规程每次扣 5 分；4. 实训后不能保持场地、设备、工/量具等整齐有序每次扣 5 分 | | | | | | |
| 8 | 总分 | | | | | | | | | | |

# 项目三　钳工实习

**知识目标**

1．了解钳工的工艺范围和主要设备。

2．熟悉钳工各项加工内容所使用的工具。

**能力目标**

1．基本掌握锯、锉、钻、攻螺纹等操作方法。

2．能合理选用划线方法。

3．能正确装夹各工件。

4．会使用量具测量工件。

**素质目标**

1．培养学生分工协作、合作交流、分析和解决实际问题的能力。

2．培养学生细心观察、反复实践、有理想、敢担当、能吃苦、肯奋斗的职业精神。

3．学习大国工匠的先进事迹，培养学生严谨规范、爱岗敬业、执着专注、精益求精的工匠精神。

4．培养学生正确的劳动观点、求实精神、质量和经济意识、安全意识。

## 任务 3.1　钳工实习入门指导

**任务要求**

1．学习钳工的工艺范围。

2．认识钳工的主要设备。

3．基本掌握划线、锯、锉、钻、攻螺纹等钳工基本操作方法。

**任务准备**

1．设备：台钻、台虎钳、砂轮机、划线平板。

2．刀具：锯条、普通锉刀、直柄麻花钻。

3．工具：一字螺钉旋具、锯弓、活络扳手、钻夹头钥匙、棉纱等。

4．量具：游标卡尺、钢直尺、直角尺。

5．材料：$\phi22mm×100mm$ 45 钢一根。

6．与本次授课内容相关的课件及其他设备。

**任务实施**

1．在多媒体教室上课，指导教师在课堂上结合钳工配合锯弓、锯条、锉刀等实物，通过 PPT 课件、视频等讲解钳工的工艺范围，以及本节课的学习目的、要求等；学生分组。

2．指导教师现场讲解、演示钳工的主要设备，以及划线、锯、锉、钻、攻螺纹等操作方法。

3．学生在指导教师的指导下进行划线、锯、锉、钻、攻螺纹等操作方法的练习。

### 3.1.1　钳工的工艺范围

钳工是一种以手工作业方式为主的机械类工种，主要从事机械零件加工、产品装配，机器设备维修，工/模具制造等工作。根据作业范围不同，钳工又可分为普通钳工、工具钳工、模具钳工、装配钳工、机修钳工等。

钳工的工艺范围很宽，主要包括以下几个方面。

（1）机械零件加工的准备工序，如毛坯表面的处理，单件、小批量生产工件的划线等。

（2）某些精密零件的加工，如样板、工具、模具、夹具、量具等零件的加工制作。

（3）机器及部件装配前某些零件上的孔加工、螺纹加工，以及去毛刺修整加工等。

（4）机器及部件的装配、调整、试车。

（5）设备维修。

（6）单件、小批量生产中某些普通零件的加工。

钳工作业的主要内容有划线、錾削、锯削、锉削、钻孔、扩孔、铰孔、攻螺纹和套螺纹、矫直与弯曲、刮削与研磨、铆接，以及机器的拆卸、零件修复和装配调试等。

钳工工作的特点：使用的设备、工具简单，作业方式灵活，操作方便，能完成一些机械加工不方便或难以完成的工作。但是，钳工工作劳动强度大，生产率低，对工人技术水平要求较高。

### 3.1.2　钳工的主要设备

钳工常用的设备有台虎钳、砂轮机、钻床等。

**1. 台虎钳**

台虎钳是钳工在錾削、锯削、锉削、矫直与弯曲等手工作业中用来夹持工件的设备，如图 3-1 所示。使用台虎钳前一定要牢固地将其固定在钳工工作台上，夹紧工件时只能用手直接操作夹紧手柄，禁止使用加长套筒或用手锤敲击手柄，以免损坏丝杠螺母机构甚至钳身。工件应尽量装夹在钳口中部，作业过程中应防止錾子、锯子等切削工具伤及钳口。

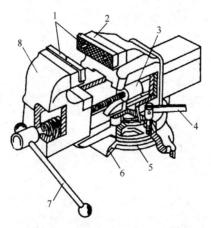

1—钳口；2—固定钳身；3—丝杠螺母机构；4—锁紧手把；
5—夹紧盘；6—转盘座；7—夹紧手柄；8—活动钳身。

图 3-1　台虎钳

## 2．砂轮机

砂轮机主要用来刃磨各种刀具和工具，也可磨去工件上的毛刺、飞边与锐角。钳工用砂轮机主要为固定式砂轮机，如图 3-2 所示。

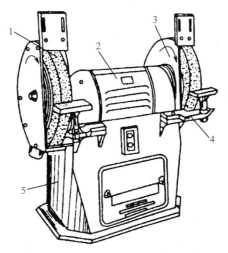

1—砂轮；2—电动机；3—防护罩；4—托架；5—机体。

图 3-2 固定式砂轮机

## 3．钻床

钻床是钳工进行孔加工作业的主要设备。根据其规格大小可分为台式钻床、立式钻床和摇臂钻床，分别用于加工直径在 12mm、40mm、125mm 以下的孔。其中钳工作业中较常用的是台式钻床，如图 3-3 所示。

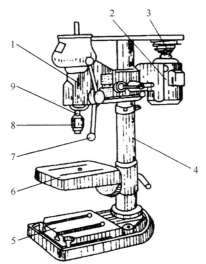

1—机体；2—电动机；3—带传动机构；4—立柱；5—底座；
6—工作台；7—操作手柄；8—钻夹头；9—主轴。

图 3-3 台式钻床

### 3.1.3 划线的含义、种类与作用

#### 1. 划线的含义及种类

根据图样要求，在工件毛坯或半成品表面上用划线工具划出加工界线、定位基准线或其他标志线的作业，称为划线。划线的种类有平面划线与立体划线，如图3-4所示。

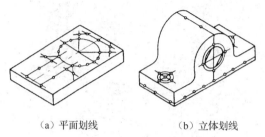

（a）平面划线　　　　　　　（b）立体划线

图3-4　平面划线与立体划线

#### 2. 划线的作用

（1）检查毛坯制造质量，发现和处理不符合图样要求的毛坯件；通过合理分配各加工表面余量（俗称借料）的方法，补救有缺陷的毛坯件。

（2）确定加工部位的相对位置，确定对刀或找正的位置，给出加工余量，以便在加工工件时能实现快速、准确的定位和找正，并对加工尺寸、形状、位置加以控制。

（3）在板料上划线下料，通过合理排料提高材料利用率。

### 3.1.4 钳工划线工具及使用方法

#### 1. 划线平台

划线平台是划线的基准工具，又称平板，是划线时的基准平面，如图3-5所示。使用划线平台时，不允许在平板上进行敲击或拆装作业，划线时工具和工件在平板上应稳拿轻放，避免撞击或划伤划线平台表面。长期不用划线平台时，应涂油防锈，并加防护罩。

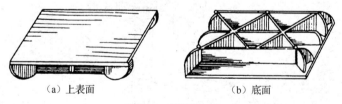

（a）上表面　　　　　　　　　　（b）底面

图3-5　划线平台

#### 2. 划线方箱

划线方箱的六个面均经过精加工，相邻平面互相垂直，相对平面互相平行，其中一面有V形槽并附有紧固装置，用来固定尺寸较小的工件，如图3-6所示。通过翻转划线方箱，可以在工件表面划出互相垂直的线条。

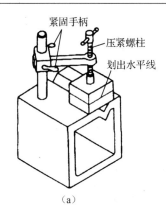

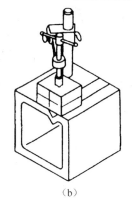

图 3-6 划线方箱

### 3．V 形铁

V 形铁主要用于安放轴、套筒等圆柱形工件，如图 3-7 所示。

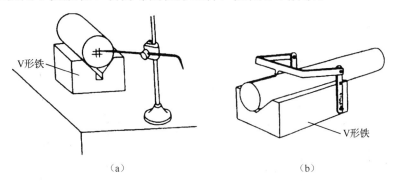

图 3-7 V 形铁

### 4．千斤顶

千斤顶常用于支承毛坯、形体较大或不规则的工件，使用时通常三个一组，如图 3-8 所示。

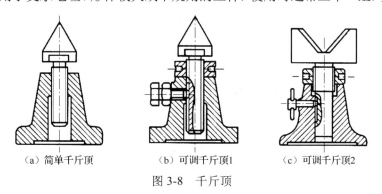

图 3-8 千斤顶

### 5．划针

划针通常由直径为 2～5mm 的调质钢丝或工具钢制成，针尖经淬火后，磨成 15°～20° 尖角；也可用直径为 3～4mm 的弹簧钢丝直接磨制而成。使用时，应使针尖紧贴钢直尺或样板底边，并使划针沿划线方向与划线表面呈 45°～75°，如图 3-9 所示。

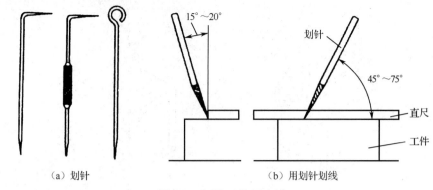

（a）划针　　　　　　　　　　　　（b）用划针划线

图 3-9　划针及使用方法

### 6. 划线盘

划线盘是在工件上进行立体划线和找正工件位置的常用工具，分为普通划线盘和可微调划线盘。使用时，应将划针针尖调到所需高度。划线时，划针沿划线方向与划线表面呈 30°～60°，如图 3-10 所示。

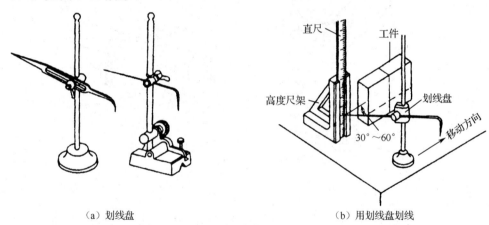

（a）划线盘　　　　　　　　　　　　（b）用划线盘划线

图 3-10　划线盘及使用方法

### 7. 划规与划卡

划规又称划线圆规，主要用来划圆、划弧、等分线段或角度、量取尺寸等，如图 3-11 所示。划卡又称卡规，主要用来寻找轴或孔的中心位置，也可用来划平行线，其使用方法如图 3-12 所示。

图 3-11　划规

### 8. 高度游标卡尺

高度游标卡尺是高度尺和划线盘的组合，如图 3-13 所示。它既是精密量具（用于测量高度），又可作为划线盘在已加工表面划线。

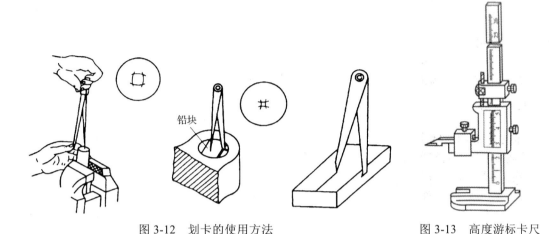

图 3-12　划卡的使用方法　　　　　　　图 3-13　高度游标卡尺

### 9. 样冲

样冲用于在所划加工界线上和圆、圆弧的中心打样冲眼，目的是加深划线标记，便于加工或钻孔时定心，常用工具钢制成并淬硬，将冲尖磨成 60°～90° 锥角，也可用废弃铰刀磨制。样冲及其使用方法如图 3-14 所示。

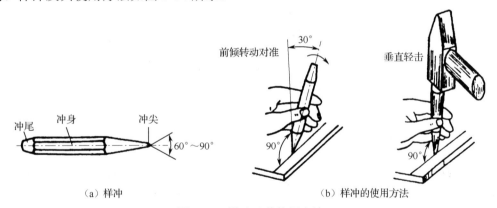

（a）样冲　　　　　　　　　　　　（b）样冲的使用方法

图 3-14　样冲及其使用方法

## 3.1.5　划线的步骤

### 1. 划线前的准备

工/量具的准备、工件的清理、工件的涂色。

### 2. 划线基准的选择

划线时，首先应选定工件上的某个面或某条线作为划线的依据。这种被选定的面或线称作画线基准。合理选择划线基准，能使划线工作更加方便、准确、迅速。选择划线基准时一般应遵循以下原则。

（1）尽量使划线基准与工件图样的设计基准重合。

（2）工件上有已加工表面时，应将已加工表面作为划线基准。工件上没有已加工表面时，应将较大的不加工表面或重要的毛坯孔轴线作为划线基准。

（3）需两个以上的划线基准时，应将互相垂直的表面或中心线作为划线基准。

（4）根据图样的要求选用钢直尺、直角尺、高度尺、方箱或 V 形铁等工具进行划线。

## 3.1.6　锯削

用手锯对材料或工件进行切断或锯槽的加工方法称为锯削。

### 1. 手锯

手锯是钳工的基本工具之一，由锯弓和锯条组成。根据锯弓，可将手锯分为固定锯弓手锯和可调锯弓手锯两种，如图 3-15 所示。

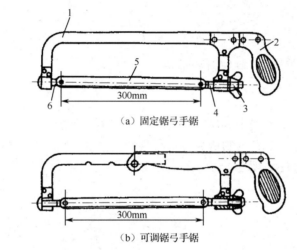

（a）固定锯弓手锯

（b）可调锯弓手锯

1—弓架；2—锯柄；3—蝶形螺母；4—活动拉杆；5—锯条；6—固定拉杆。

图 3-15　手锯

（1）锯弓。锯弓用来夹持和张紧锯条，由弓架、锯柄、蝶形螺母、活动拉杆和固定拉杆组成。

（2）锯条。锯条一般由碳素工具钢制成，经淬火处理，是进行锯削的刀具，其切削部分是具有锋利刃口的锯齿。为减少锯削时的摩擦阻力，增大锯缝宽度，防止夹锯，通常将锯齿制成左右交错排列的两排。根据锯齿的大小，锯条可分为粗齿、中齿、细齿三种类型。常用的锯条规格是长 300mm、宽 12mm、厚 0.8mm。

（3）锯条的安装。锯削时，手锯向前推进过程为切削过程，返回过程为排屑过程，所以安装锯条时必须使锯齿的方向朝前，如图 3-16 所示。装好后的锯条应与锯弓的中心平面平行，而且，锯条的张紧程度要适当。否则，在锯切过程中容易造成锯条折断或锯缝歪斜等现象。

（a）正确安装　　　　　　　　（b）错误安装

图 3-16　锯条的安装

### 2．锯削操作要领

1）手锯的握法

常见的握锯方法是右手紧握锯柄，左手轻扶锯弓前端，食指也可抵在锯弓侧面，如图 3-17 所示。锯削时，右手主要控制推力，左手配合右手扶正锯弓，并稍微施加压力。

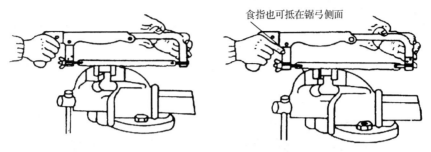

食指也可抵在锯弓侧面

图 3-17　手锯的握法

2）锯削的姿势

在台虎钳上锯削时，操作者面对台虎钳，锯削位置应在台虎钳左侧。锯削时，前腿微微弯曲，后腿伸直，两臂推拉自然，目视锯条，如图 3-18 所示。

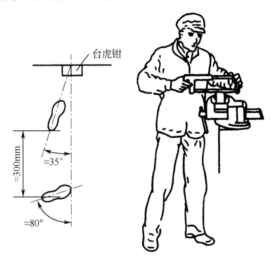

台虎钳

≈300mm

≈35°

≈80°

图 3-18　锯削的姿势

### 3．锯削方式

（1）直线往复式。手锯向前推进和返回时，锯条应始终处于水平状态。通过两手的协调控制，使手锯在向前推进的过程中对工件施加基本恒定的切削力，返回时应将手锯微微抬起。这种操作方式适用于锯切薄壁工件和底部要求平整的锯削。

（2）摆动式。手锯在向前推进的过程中，前手臂逐步上提，后手臂逐步下压，使锯条在上下摆动过程中作向前推进的切削运动。这种操作方式动作比较自然，可以减轻疲劳，特别适用于无特殊要求的锯断加工。

### 4．锯削步骤

（1）选择锯条。锯削前应根据工件的材料种类、硬度、结构形状和尺寸等实际情况选择锯齿的粗细。一般来说，锯切铜、铝、铸铁等软材料或较厚的工件时应选用粗齿锯条；锯切普通钢及中等厚度的工件时应选用中齿锯条；锯切硬材料和薄壁工件或材料（如薄钢板、管子、角铁等）时应选用细齿锯条。

（2）装夹工件。工件通常装夹在台虎钳左侧，但加工线不能离台虎钳太远，而且要与地面垂直，以防锯削时发生震动和锯缝偏斜。

（3）起锯。起锯方法分为远起锯和近起锯两种，如图 3-19 所示。在平面上起锯时，一般应采用远起锯方法。起锯时，左手拇指靠住锯条，右手稳推手柄，起锯角度为 $10°\sim15°$，锯弓往复行程要短，压力要小，速度要慢。当起锯槽深达 $2\sim3$mm 后，左手拇指即可离开锯条，进行正常锯削。

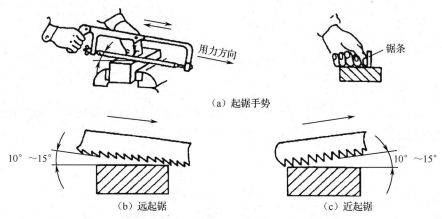

（a）起锯手势

（b）远起锯　　　　　　　　　（c）近起锯

图 3-19　起锯手势及方法

（4）锯削。无论采用哪种方法，推锯时都要用力均匀，速度不宜过快（每分钟往复 $40\sim60$ 次）；要扶稳锯弓，不能左右摇摆；回锯时应将手锯稍微抬起以降低锯齿的磨损程度，速度可稍快。锯削时，应使锯条全长参加工作，以防因全长不均匀磨损而造成断锯或浪费。

锯断加工临结束时，速度要慢，用力要轻，行程要短，手锯后部抬起略向前倾，以避免锯齿折断或造成事故。

### 3.1.7　锉削

用锉刀对工件进行切削的加工方法称为锉削。锉削的精度可达 IT8～IT7，表面粗糙度可达 $1.6\sim0.8$μm。锉削是钳工作业的主要内容之一，锉削操作技能是衡量工/模具钳工技术水平的重要标志。

**1．锉刀**

锉刀是锉削的刀具，用碳素工具钢 T12A 制成，经热处理后，其切削部分硬度达 HRC $62\sim67$。

（1）锉刀的构造与原理。锉刀的构造如图 3-20 所示，主要由锉身与锉柄两部分组成。锉身的工作部分是带锉齿的上下锉面和锉边。锉刀的锉齿在专门的剁锉机上剁出。锉削原理如图 3-21 所示。

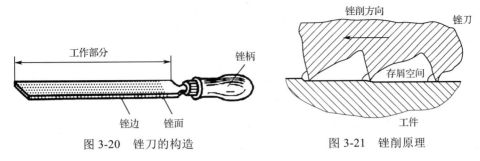

图 3-20 锉刀的构造 　　　　　　　图 3-21 锉削原理

（2）锉刀的种类与规格。根据用途，锉刀可分为普通锉刀、整形锉刀、特种锉刀三种，如图 3-22 所示。普通锉刀有平锉、半圆锉、方锉、三角锉、圆锉等多种结构形式，用于锉削一般工件；整形锉刀又称什锦锉刀，主要用于各种内腔表面的修整加工；特种锉刀品种较少，用于复杂型腔内表面的加工。

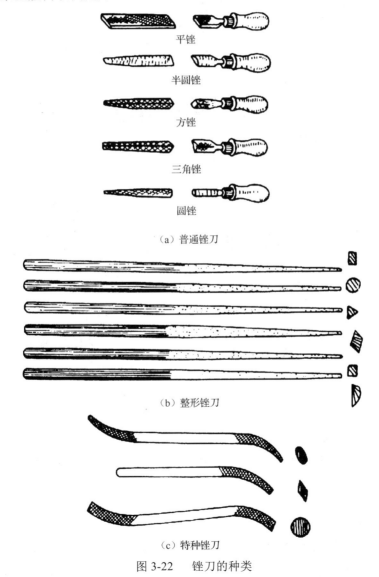

平锉

半圆锉

方锉

三角锉

圆锉

（a）普通锉刀

（b）整形锉刀

（c）特种锉刀

图 3-22 锉刀的种类

锉刀的规格一般用长度表示。为适应不同需要，有粗齿锉刀、中齿锉刀、细齿锉刀、双细齿锉刀和油光锉刀供选用。

（3）锉刀的选用。

① 锉齿粗细的选择。锉齿粗细的选择主要取决于工件加工余量、尺寸精度和表面粗糙度。粗加工用粗齿锉刀，精加工用细齿锉刀。

② 锉刀规格与截面形状的选择。所选锉刀的规格取决于工件的加工面积与加工余量。一般加工面积大、加工余量多的工件，使用较大的锉刀。所选锉刀的截面形状取决于工件加工部位的形状。

**2．锉削操作要领**

**1）锉刀的握法**

锉削时，一般用右手握住锉柄，左手握住或压住锉刀。普通锉刀的基本握法如图 3-23 所示。中小型锉刀、整形锉刀和特种锉刀的握法如图 3-24 所示。

图 3-23　普通锉刀的基本握法

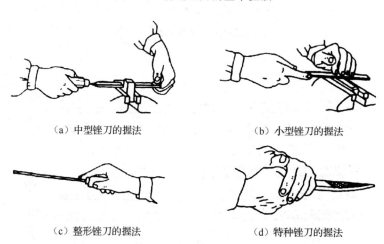

（a）中型锉刀的握法　　　　　　　（b）小型锉刀的握法

（c）整形锉刀的握法　　　　　　　（d）特种锉刀的握法

图 3-24　中小型锉刀、整形锉刀和特种锉刀的握法

**2）锉削的姿势及动作要领**

锉削时，将身体的重心放在左脚上，右腿伸直，左腿稍弯，身体前倾，双脚站稳，靠左腿屈伸产生上身的往复运动，同时完成两臂的推锉和回锉两个动作。在推锉过程中，身体的前倾角度应随着锉刀位置的变化而不断调整，如图 3-25 所示。锉削速度为每分钟 40～60 次，要求推锉时的速度稍慢，回锉时的速度稍快。整个锉削动作应配合协调、自然连续。

为了锉出平整的平面，在推锉过程中必须始终使锉刀保持在水平位置而不能上下摆动。因此，在锉削过程中，右手的压力应随锉刀的前进而逐渐增大，而左手的压力则随锉刀的推进而不断减小。回锉时，两手不能施加压力，以减少锉齿的磨损。

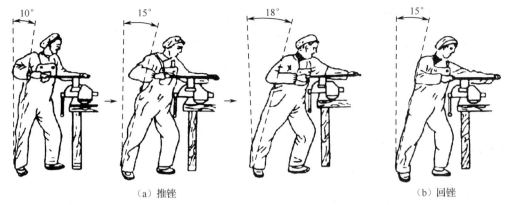

（a）推锉 （b）回锉

图 3-25　锉削的姿势

### 3．锉削方法

（1）装夹工件。必须将工件牢固地夹在台虎钳钳口的中部，并使锉削面略高于钳口。工件夹持面已经加工时，应在钳口与工件之间垫上铜制或铝制垫片。

（2）平面锉削方法（见图 3-26）。

① 顺向锉法。顺向锉削时，锉刀始终沿一个方向锉削。其锉纹整齐一致，比较美观，适用于工件中小平面的加工，或者对工件大平面进行最后的锉光、锉平。

② 交叉锉法。交叉锉削时，锉刀与工件呈一定角度（50°～60°），交叉变换锉削方向。特点是锉刀与工件的接触面大，去屑快，适用于粗锉。

③ 推锉法。推锉是用两手推锉刀，沿工件表面作推锉运动。推锉切削量小，主要用于修正较小的工件表面，以获得较低的表面粗糙度。

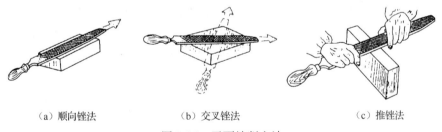

（a）顺向锉法 （b）交叉锉法 （c）推锉法

图 3-26　平面锉削方法

（3）曲面锉削方法。

① 顺向锉法。顺向锉削时，锉刀顺着圆弧曲面的方向推进，同时右手下压，左手上提，使锉刀"上下摆动"。这种锉削方法的动作要领比较容易掌握，锉出的表面光滑，适用于外曲面的精锉。

② 横向锉法。横向锉削时，锉刀既要向前推进，又要绕圆弧中心转动。这种锉削方法的动作要领相对较难掌握，但是内曲面的锉削唯有此方法。因此，锉削曲面时，往往先沿着圆弧面横向将曲面锉成多棱面，然后采用上述方法进行精锉。

### 4．锉削表面的检验

（1）尺寸精度的检验：通常采用游标卡尺或千分尺检验。

（2）平面度的检验：通常采用刀口形直尺或直角尺进行透光检验。

（3）垂直度的检验：通常采用直角尺进行透光检验。

（4）角度和曲线度的检验：通常采用专用角度样板和曲线样板检验。

## 3.1.8 钻孔

用钻头在工件实体上加工孔的方法称为钻孔。钻孔时，钻头既要作旋转运动，又要作轴向进给，工件一般固定不动。钻孔一般用于较小直径孔的粗加工，钻孔加工的尺寸精度为 IT10 以下，表面粗糙度为 50～12.5μm。

### 1. 钻头

钻头是钻孔的刀具，通常由高速钢制成，较常用的是麻花钻。麻花钻的组成如图 3-27 所示。

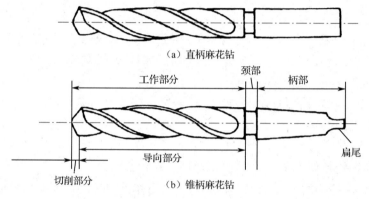

（a）直柄麻花钻

（b）锥柄麻花钻

图 3-27　麻花钻的组成

（1）柄部。柄部是麻花钻的夹持部分，有直柄与锥柄两种。一般将直径小于 12mm 的钻头制成直柄；将直径大于 12mm 的钻头制成锥柄，并带有扁尾，以便传递较大的扭矩。

（2）颈部。颈部标有钻头的规格、商标或材料牌号等。

（3）工作部分。工作部分包括导向部分与切削部分。导向部分由对称分布的两条螺旋槽和两条棱边组成，起排屑与导向作用。切削部分如图 3-28 所示，担负着主要的切削工作。

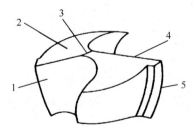

1—前刀面；2—后刀面；3—横刃；4—主切削刃；5—副切削刃（棱边）。

图 3-28　麻花钻的切削部分

### 2. 钻头及工件装夹

（1）钻头的装夹与拆卸。直柄麻花钻通常采用钻夹头装夹，如图 3-29（a）所示。装夹时，将钻头柄部装入钻夹头内，转动锥齿紧固扳手，使三个自动定心夹爪夹紧钻头。

锥柄麻花钻一般在立式钻床或摇臂钻床上使用，可以直接将钻头柄部装入机床主轴锥孔内，如图 3-29（b）所示。对于直径较小的钻头，可以用钻套来安装，如图 3-29（c）所示。钻套尾端的长方形通孔（主轴上也有）用于拆卸钻头时插入楔铁，如图 3-29（d）所示。

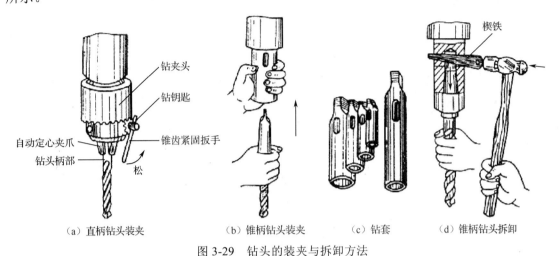

图 3-29 钻头的装夹与拆卸方法

（2）工件的装夹。为保证钻孔质量和操作安全，工件必须用专门附件或夹具装夹。小型钻床上常用的工件装夹方法如图 3-30 所示。

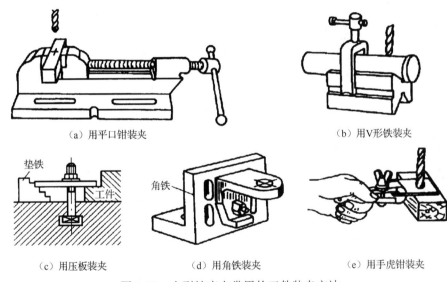

图 3-30 小型钻床上常用的工件装夹方法

### 3．钻孔操作要领

（1）通过划线钻孔时，应先将钻头对准钻孔中心样冲眼儿钻一个浅窝，以检查钻孔中心是否准确。如果发现偏离钻孔中心，应重新打一个较大的样冲眼儿后再钻。

（2）手动进给时，进给力不可过大。当钻孔将要钻穿时，必须减小进给力，以防折断钻头或使工件转动造成事故。

（3）对韧性材料钻孔时，应使用切削液。钻小直径的孔或深孔时，应经常退出钻头排屑，并及时冷却。

（4）钻大直径的孔时，应分两次以上完成，其中第一次钻孔直径必须超过下一次钻孔时钻头的横刃长度。

（5）在圆柱表面钻孔时，应先用定心工具（如 V 形铁和定心锥）找正工件。在斜面上钻孔时，应先用中心钻钻出浅窝或用立铣刀加工出小平台再进行钻孔。

（6）钻孔时不能戴手套，更不能用手直接抓握工件及清除铁屑。

### 3.1.9 攻螺纹

用丝锥加工内螺纹的方法称为攻螺纹（俗称攻丝）。攻螺纹主要用于工件上紧固螺孔的螺纹加工。

#### 1．攻螺纹工具

（1）丝锥。丝锥是加工内螺纹的标准刀具，分为手用和机用两种。每种规格的手用丝锥都由两支（见图 3-31）或三支（M6～M24 为两支，其余为三支）组成一套，分别称作头锥、二锥和三锥。它们的主要区别在于切削部分的结构。头锥的切削部分较长，锥角较小，有利于攻螺纹开始时导入；二锥和三锥的锥角较大，切削部分很短，以保证螺孔尺寸，如图 3-32 所示。

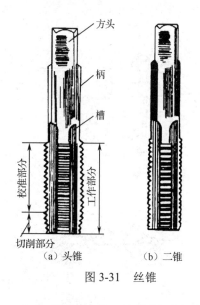

图 3-31　丝锥

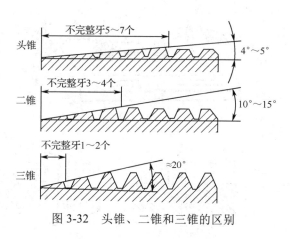

图 3-32　头锥、二锥和三锥的区别

（2）丝锥扳手。丝锥扳手俗称铰杠（或铰手），用来夹持和扳动丝锥（或铰刀），如图 3-33 所示。

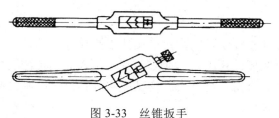

图 3-33　丝锥扳手

### 2. 攻螺纹方法

（1）螺纹底孔直径的确定。攻螺纹的常规步骤是钻孔、孔口倒角、首次攻螺纹、二次（三次）攻螺纹。由此可知，攻螺纹必须首先确定螺纹底孔直径，以便选用钻头加工底孔。螺纹底孔直径 $d$ 可以查阅有关手册获得，也可以根据螺纹大径 $D$ 和螺距 $P$ 按下述经验公式确定：

加工钢件和塑性材料时：$d=D-P$

加工铸铁和脆性材料时：$d=D-1.1P$

（2）手工攻螺纹操作要领及注意事项。

① 手工攻螺纹的关键是起攻。起攻时必须用头锥，而且丝锥要放正，工件要夹紧。一只手正向压住丝锥，另一只手轻轻转动丝锥扳手。待丝锥转过 1～2 圈后用直角尺检验丝锥与工件孔口表面的垂直度，如有偏斜，应及时纠正。

② 用头锥攻螺纹时，丝锥每转动 0.5～1 圈后都要倒转 1/4 圈以上，以便断屑和及时排屑。盲孔攻螺纹时更应旋出丝锥进行彻底排屑。攻螺纹时如阻力过大，也应及时倒转，或者先换用二锥攻几圈再用头锥续攻，千万不可强行转动，以免折断丝锥。

③ 在塑性材料上攻螺纹时，应加足够的切削液。

④ 头锥攻完后用二锥和三锥攻螺纹时，应先将丝锥旋入孔中，再用丝锥扳手转动，转动时不能施加压力。

# 任务 3.2　综合练习

### 任务要求

1. 小组讨论并根据图样的尺寸、技术要求制定加工工序。

2. 根据已制定的加工工序进行小手锤加工。

3. 依据评价表对作品进行自评、互评。

### 任务准备

1. 设备：台钻、台虎钳、划线平板。

2. 刀具：锯条、普通锉刀、直柄麻花钻、M8 丝锥。

3. 工具：一字螺钉旋具、锯弓、活络扳手、钻夹头钥匙、划针、样冲、刷子、钻钥匙等。

4. 量具：游标卡尺、钢直尺、直角尺。

5. 材料：$\phi$22mm×100mm 45 钢一根。

6. 与本次授课内容相关的课件及其他设备。

### 任务实施

1. 在多媒体教室上课，指导教师在课堂上结合图 3-34 所示小手锤图样，通过 PPT 课件、视频等进行本节课的教学；学生分组。

2. 每组学生根据指导教师讲解的内容进行讨论，确定加工步骤、加工余量、工具、加工方法，并进行记录。

3. 每组学生根据下列加工步骤加工小手锤，小手锤各面划线尺寸如图 3-35 所示。

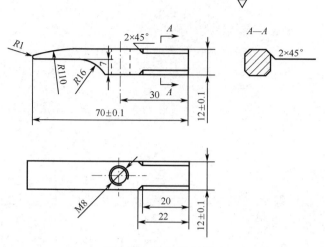

图 3-34  小手锤图样

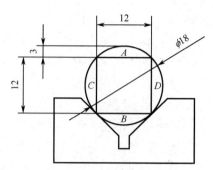

图 3-35  小手锤各面划线尺寸

（1）下料 $\phi18$mm×75mm。

（2）在 V 形铁上对材料进行划线，根据加工图样在离材料高点 3mm 处用高度尺在材料四周划出 A 面的加工界线。

（3）根据加工界线留出相应的锉削余量锯 A 面。

（4）锉削 A 面直至达到加工要求。

（5）以 A 面为基准在平板上画出 B 面的加工界线。

（6）根据加工界线留出相应的锉削余量锯 B 面。

（7）锉削 B 面直至达到加工要求。

（8）A 面紧贴划线方箱划出 C 面的加工界线。

（9）根据加工界线留出相应的锉削余量锯 C 面。

（10）锉削 C 面直至达到加工要求。

（11）A 面紧贴划线方箱划出 D 面的加工界线。

（12）根据加工界线留出相应的锉削余量锯 D 面。

（13）锉削 D 面直至达到加工要求。

（14）工件竖放，A 面、B 面分别紧贴划线方箱在 B 面、A 面画出 37mm、35mm 的圆弧切线。

（15）B 面紧贴划线平台划出高度为 7mm 的加工界线。

（16）用圆弧样板画出 R16mm、R110mm 的加工界线。

（17）锯、锉 R16mm、R110mm 圆弧。

（18）划出倒角、M8 圆心加工界线。

（19）倒角。

（20）在 M8 圆心处打样冲眼儿，钻 $\phi6.8$mm 孔，孔口倒角。

（21）攻 M8 螺纹。

4．加工完成，学生整理工/量具，清理设备和场地。

**任务评价**

学生依据评价表对完成的作品进行自评、互评，并将赋分填入表 3-1；指导教师对任务实施情况进行检查，并将赋分填入表 3-1。

## 表 3-1 小手锤加工评价表

班级：_____ 姓名：_____ 序号：_____ 互评学生姓名：_____ 序号：_____

| 序号 | 考核项目 | 考核内容 | 配分 | 评分标准 | 自评 | | 互评 | | 教师评价 | |
|---|---|---|---|---|---|---|---|---|---|---|
| | | | | | 实测 | 得分 | 实测 | 得分 | 实测 | 得分 |
| 1 | 外观形状 | (12±0.1) mm × (12±0.1) mm | 20 | 1. 每超差 0.1mm 扣 5 分；<br>2. 每超差 0.2mm 扣 10 分；<br>3. 每超差 0.3mm 扣 15 分 | | | | | | |
| 2 | | (70±0.1) mm | 10 | 1. 每超差 0.1mm 扣 5 分；<br>2. 每超差 0.2mm 扣 10 分 | | | | | | |
| 3 | | 圆弧 | 20 | 1. 每超差 0.1mm 扣 5 分；<br>2. 过渡处不相切扣 5 分 | | | | | | |
| 4 | | 圆 | 10 | 1. 位置偏斜扣 5 分；<br>2. 不垂直扣 5 分 | | | | | | |
| 5 | | 表面粗糙度 | 10 | 每超差一级扣 5 分 | | | | | | |
| 6 | | 整体外观 | 15 | 1. 严重不协调扣 10 分；<br>2. 一般不协调扣 5 分 | | | | | | |
| 7 | 6S | 着装、卫生、工/量具摆放情况、安全、素养 | 15 | 1. 工装、帽子等防护用品穿戴不符合规范要求每次扣 5 分；<br>2. 实训期间串岗、打闹、玩手机或看无关书籍每次扣 5 分；<br>3. 违反设备操作规程每次扣 5 分；<br>4. 实训后不能保持场地、设备、工/量具等整齐有序每次扣 5 分 | | | | | | |
| 8 | 总分 | | | | | | | | | |

# 项目四  焊工实习

**知识目标**

1. 了解焊接的种类、特点及应用。

2. 了解手工电弧焊所用设备、焊条。

3. 了解焊接缺陷的产生原因。

**能力目标**

1. 熟悉电焊机的使用。

2. 基本掌握手工电弧焊的对接平焊。

3. 会根据焊条直径选择相应的焊接电流。

**素质目标**

1. 培养学生分工协作、合作交流、分析和解决实际问题的能力。

2. 培养学生细心观察、反复实践、有理想、敢担当、能吃苦、肯奋斗的职业精神。

3. 学习大国工匠的先进事迹，培养学生严谨规范、爱岗敬业、执着专注、精益求精的工匠精神。

4. 培养学生正确的劳动观点、求实精神、质量和经济意识、安全意识。

## 任务 4.1  焊工实习入门指导

**任务要求**

1. 熟悉焊接的种类。

2. 认识常用交/直流弧焊机的型号。

3. 能开关交流弧焊机并能进行电流调节。

4. 认识焊条的组成与作用、型号。

5. 了解常用焊条的直径、牌号。

**任务准备**

1. 设备：交流弧焊机、直流弧焊机、角磨机。

2. 工具：手锤、钢丝刷等。

3. 材料：50mm×150mm×8mm Q235 钢一块、酸性焊条若干。

4. 与本次授课内容相关的课件及其他设备。

**任务实施**

1. 在多媒体教室上课，指导教师在课堂上结合实物，通过 PPT 课件、视频等讲解焊接种类、手工电弧焊设备、焊条、安全等相关知识，以及本节课的学习目的、要求等；学生分组。

2. 指导教师现场讲解、演示手工电弧焊设备及焊条。

3．学生在指导教师的指导下进行电焊机调节练习。

## 4.1.1 焊接的种类、特点及应用

焊接是通过加热或同时加热、加压，使两种或两种以上两部分分离金属材料的原子及分子之间结合而实现工件连接的工艺方法。

### 1．焊接的种类

（1）熔化焊：将连接处金属加热到熔化状态，然后冷却结晶达到结合的焊接方法，如气焊；电弧焊（手工电弧焊、氩弧焊、二氧化碳气体保护电弧焊、埋弧焊）；电渣焊；等离子焊、电子束焊；激光焊等。

（2）压力焊：对连接处金属（加热或不加热）施加压力达到结合的焊接方法，如电阻焊（点焊、缝焊、对焊）；摩擦焊；高频焊等。

（3）钎焊：将熔点更低的填充金属熔化后充垫被焊金属间隙并达到结合的焊接方法，如烙铁钎焊、火焰钎焊、炉中钎焊等。

### 2．焊接的工艺特点及应用

1）焊接的工艺特点

（1）连接质量好、强度高、寿命长，尤其是密封性能和耐压性能好。

（2）能节省金属材料，能减轻连接构件质量（与铆接相比）。

（3）焊接工序简单，劳动生产率高，成本低（无须铆接时的钻孔、扩孔、铆钉、捻缝等众多辅助工序及设备）。

（4）工人劳动强度较小，劳动条件较好（机械化、自动化）。

（5）焊接时连接件会产生残余应力和变形，焊缝处容易产生裂缝，因而承受冲击能力较差。

2）焊接的应用

焊接工艺广泛用于机械制造、建筑工程、电子产品领域的生产和建设过程，尤其是机械制造中的飞机、船舶、锅炉、压力容器、汽车等产品的制造几乎已全面取代了传统的铆接工艺。

## 4.1.2 手工电弧焊设备

手工电弧焊设备按电源分类主要有交流弧焊机与直流弧焊机。

### 1．交流弧焊机

交流弧焊机（见图 4-1）又称弧焊变压器，实际上是一个电弧焊专用的降压变压器。常用的型号是 BX3-300（B 表示变压器，X 表示输出电压随电流增大而减小的下降外特性，3 表示系列序号，300 表示额定焊接电流为 300A）。

交流弧焊机工作时输出低压交流电，电压为 20～30V，起弧时为 60～80V，工作电流根据焊件的厚度与焊条直径在额定焊接电流范围内调节。

交流弧焊机结构简单、噪声小、价格低、使用安全可靠、维修方便，但电弧稳定性较差，应用范围（焊条）受到一定限制。

### 2．直流弧焊机

直流弧焊机有发电机式和整流式两类，工作时输出低压直流电。

发电机式直流弧焊机所用的发电机有直流弧焊电动发电机和直流弧焊柴（汽）油发电机两种。此类弧焊机性能稳定、工作可靠，但因效率低、噪声大，且制造复杂，前者现已被淘汰，后者主要用于野外作业。

整流式直流弧焊机是在交流弧焊机的结构上加上整流器，故又称弧焊整流器，如图4-2所示。常用的型号是 ZXG-300（G表示硅整流）。

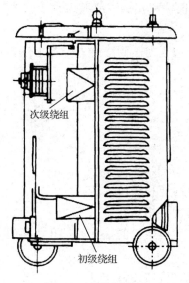

图 4-1　交流弧焊机

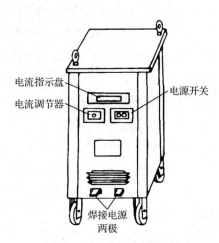

图 4-2　整流式直流弧焊机

整流式直流弧焊机输出端有正极和负极之分。焊接时，焊条接正极称为正接，用于较厚或高熔点金属焊接；焊条接负极称为反接，用于较薄或低熔点金属焊接。

整流式直流弧焊机的电弧稳定性较好、结构简单、噪声小，在我国手工电弧焊中广泛应用。

## 4.1.3　手工电弧焊焊条

### 1．焊条的组成与作用

焊条（见图4-3）由焊芯与药皮组成。

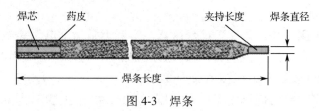

图 4-3　焊条

焊芯是一种专用的金属钢丝（称为焊丝），焊接时作为电极之一，熔化后作为填充金属与连接件结合为一体，形成焊缝。

常用的（碳素）结构钢焊条焊芯有 H08A 等，其中，H表示焊接用钢丝，08表示含碳量为 0.08%，A 表示高级优质钢。

焊条直径、长度均指焊芯直径、长度，是焊条的主要规格参数。其中，结构钢焊条直径有 $\phi$1.6mm、$\phi$2mm、$\phi$2.5mm、$\phi$3.2mm、$\phi$4mm、$\phi$5mm、$\phi$5.6mm、$\phi$6mm、$\phi$6.4mm、$\phi$8mm，共 10 种规格。

药皮由矿石粉、铁合金粉和胶粘剂等配制而成（生成稳弧剂、造气剂、脱氧剂、合金剂等），压涂在焊条表面。

药皮的作用：使电弧稳定燃烧，减少飞溅；隔离空气，保护电弧空间；产生熔渣，保护熔池；去除有害杂质，添加合金元素，改善焊缝力学性能等，最终形成性能良好的焊缝。

**2．焊条的型号**

焊条的型号（国标）：类别代号+力学性能代号+焊接方式、焊接电流种类与药皮类型代号。其中，力学性能代号用熔敷金属最低抗拉强度（$kgf/mm^2$）表示。例如，E4315 表示熔敷金属最低抗拉强度不低于 $43kgf/mm^2$ 的使用于直流焊机全位置焊接的氢钠型药皮焊条。

焊条的牌号（行业产品）：类别代号+力学性能代号+药皮类型及焊接电流代号。例如，J427（J 表示结构钢焊条）的含义等同于 E4315。

碱性焊条与酸性焊条：根据焊接过程中产生的氧化物熔渣的碱酸性区分，碱性焊条所形成的焊缝质量（抗冲击性能、抗裂性能、脱氧/脱硫能力等）较好，适用于直流反接手工电弧焊，但工艺性较差；酸性焊条工艺性较好，但焊缝力学性能较差，交流弧焊机和直流弧焊机均适用。

# 任务 4.2　手工电弧焊焊接操作

**任务要求**

1．理解焊接原理。

2．初步掌握手工电弧焊引弧和运条方法。

3．能在钢板上进行平焊操作。

4．能根据焊条直径选择相应的焊接电流。

5．了解焊接缺陷的产生原因。

**任务准备**

1．设备：交流弧焊机、直流弧焊机、角磨机。

2．工具：手锤、钢丝刷等。

3．材料：50mm×150mm×8mm Q235 钢一块、酸性焊条若干。

4．与本次授课内容相关的课件及其他设备。

**任务实施**

1．在多媒体教室上课，指导教师在课堂上结合实物，通过 PPT 课件、视频等讲解焊条直径选择、运条方法及焊接缺陷，以及本节课的学习目的、要求等；学生分组。

2．指导教师现场讲解、演示手工电弧焊操作方法。

3．学生在指导教师的指导下进行手工电弧焊的操作练习。

### 4.2.1　手工电弧焊及工艺参数选择

#### 1．电弧焊

电弧焊又称焊条电弧焊，是利用焊接电弧产生的热量熔化焊件与焊条，使焊件之间牢固连接的焊接方法。

焊接电弧是一种气体导电现象。在两个电极之间加上一定电压并使之瞬间短接，将电极之间的气体电离（中性气体粒子分解为带电粒子并产生定向运动）使之导电，通过的电流很大时便形成电弧。电弧可产生很高的温度（6000～7000℃）和热量，并发出强烈的弧光。

手工电弧焊简称手弧焊，是手工操作焊条的电弧焊方法。

手工电弧焊设备简单，操作方便、灵活，适用于各种生产条件，应用范围比较广泛。

#### 2．焊条直径选择

进行焊条直径选择的主要依据是焊件厚度，两者之间的关系（部分）如表 4-1 所示。

表 4-1　焊条直径与焊件厚度的关系（部分）

| 焊件厚度/mm | 2 | 3 | 4～7 | 8～12 | ≥13 |
|---|---|---|---|---|---|
| 焊条直径/mm | 1.6～2.0 | 2.5～3.2 | 3.2～4.0 | 4.0～5.0 | 4.0～5.8 |

焊条直径选择还与焊接层数、焊接位置、接头形式等有关。

#### 3．焊接电流

进行焊接电流选择的主要依据是焊条直径，两者之间的关系（部分）如表 4-2 所示。

表 4-2　焊接电流与焊条直径的关系（部分）

| 焊条直径/ mm | 2 | 2.5 | 3.2 | 4.0 | 5.0 | 5.8 |
|---|---|---|---|---|---|---|
| 焊接电流/A | 50～60 | 70～90 | 100～130 | 160～200 | 200～250 | 250～300 |

对于低、中碳钢所需焊接电流，可按焊条半径 $r$（mm）用下列公式精确计算：

$$I=43r^3$$

### 4.2.2　手工电弧焊操作练习

#### 1．引弧

引弧又称起弧，是指使焊条与焊件之间引燃并保持稳定的电弧。

通常采用敲击法或摩擦法引弧，操作方法如图 4-4 所示（接触时间要短，高度提起 2～4mm）。

#### 2．运条

运条是指焊接过程中焊条的运行方式。

为获得一定的焊缝宽度，焊条除了需沿焊接方向运动，还需在垂直焊缝方向作横向摆动，并且要控制运行速度。运条基本动作如图 4-5 所示。

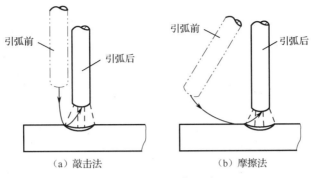

（a）敲击法　　　　　　　　　（b）摩擦法

图 4-4　引弧操作方法

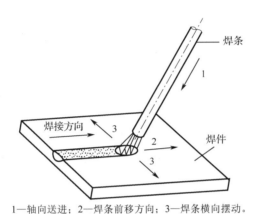

1—轴向送进；2—焊条前移方向；3—焊条横向摆动。

图 4-5　运条基本动作

焊接的操作姿势与引弧相同，如图 4-6 所示。

 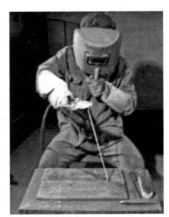

（a）对准焊接处　　　　　　　　（b）开始焊接

图 4-6　焊接的操作姿势

运条方法应根据实际情况选用，常用的如图 4-7 所示。薄板、窄焊缝：可用直线形或直线往复形；平焊、立焊：可用月牙形或锯齿形。

### 3．熄弧

熄弧又称灭弧，是指使电弧自动熄灭。在焊缝结束时，应让焊条在熔池处短暂停留或采用环形运条方法，使熔池填满，然后向焊缝前上方提拉焊条熄弧。

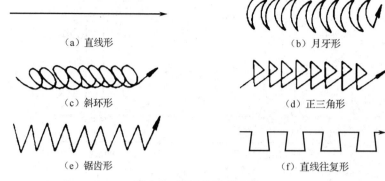

图 4-7  常用的运条方法

　　一根焊条用完时，熄弧前应减小焊条与焊件之间的夹角，将熔池中的金属和焊渣往后赶，形成弧坑后熄弧。

## 4.2.3  焊接缺陷

　　焊接缺陷是指焊接过程中在焊接接头处产生的金属不连续、不致密、连接不良及焊件变形的现象。焊接产品的完成要使用多种设备和焊接材料，经过原材料划线、切割、坡口加工、装配、焊接等多种工序，并受操作者的技术水平等因素影响，容易出现各种焊接缺陷，甚至影响产品质量和使用安全。表 4-3 给出了常见焊接缺陷的特征及产生原因。

表 4-3  常见焊接缺陷的特征及产生原因

| 焊接缺陷 | 图例 | 特征 | 产生原因 |
|---|---|---|---|
| 焊缝表面尺寸不符合要求 |  | 焊缝过窄、凹陷、余高过大 | 1. 坡口角度不当或间隙不均匀；<br>2. 焊接速度不当，运条方法不妥；<br>3. 焊条角度不当 |
| 咬边 |  | 焊缝与焊件交界处凹陷 | 1. 焊接电流过大；<br>2. 电弧过长；<br>3. 运条方法或焊条角度不当 |
| 焊瘤 |  | 熔化金属流淌到未熔化的焊件或凝固的焊缝上形成金属瘤 | 1. 焊接操作不熟练；<br>2. 运条角度不当 |
| 未焊透 |  | 焊缝金属与焊件之间或焊缝金属之间局部未融合 | 1. 坡口角度或间隙过小，钝边过大；<br>2. 焊接电流过小、速度过快或电弧过长；<br>3. 运条方法或焊条角度不当 |
| 气孔 |  | 焊缝内部或表面存在空穴 | 1. 焊件或焊接材料有油、锈、水等杂质；<br>2. 焊条使用前未烘干；<br>3. 焊接电流过大、速度过快或电弧过长；<br>4. 电流种类和极性不当 |

续表

| 焊接缺陷 | 图例 | 特征 | 产生原因 |
|---|---|---|---|
| 裂纹 | 纵向裂纹　横向裂纹 | 焊缝、热影响区或表面因开裂而形成的缝隙 | 1. 焊件或焊接材料选择不当；<br>2. 熔深与熔宽比过大；<br>3. 焊件材料淬硬倾向大；<br>4. 焊缝金属含氢量高；<br>5. 焊接应力大 |
| 烧穿及塌陷 | 烧穿　塌陷 | 液态金属在焊缝上形成穿孔或从焊缝背面漏出凝成疙瘩 | 1. 焊接电流过大、速度过慢；<br>2. 焊件装配间隙过大 |

# 任务 4.3　综合练习

**任务要求**

穿戴好焊工防护用品，运用所学知识、技能对如图 4-8 所示的两块钢板进行对接平焊操作，要求焊缝均匀，无缺陷。

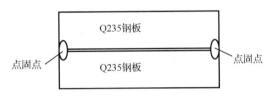

图 4-8　对接平焊用钢板

**任务准备**

1. 设备：BX1-300 交流弧焊机、角磨机。

2. 工具：钢丝刷、錾子、锉刀、敲渣锤、钳子等。

3. 材料：200mm×50mm×6mm Q235 钢两块、酸性焊条若干。

4. 与本次授课内容相关的课件及其他设备。

**任务实施**

1. 在多媒体教室上课，指导教师在课堂上结合实物，通过 PPT 课件、视频等讲解平焊的要点、方法及注意事项；学生分组。

2. 每组学生讨论焊接步骤，并进行记录。

3. 指导教师现场进行焊接前的准备工作。

（1）将焊钳、焊件、焊机连接起来。

（2）将电流调节为 120～150A，将焊条夹持在焊钳上，准备进行定位焊，定位焊缝的尺寸取决于焊件的厚度。

4. 每组学生根据下列加工步骤在现场进行焊接操作。

（1）将两块钢板的间距调整为 2mm。

（2）焊接两点，固定钢板。

（3）矫正钢板位置，翻转钢板，从反面施焊。

（4）引弧后采用锯齿形运条方法，焊好后进行收口。

（5）用同样的方法焊好另外一条焊缝。

（6）去渣，检验焊缝表面缺陷并改进。

5．加工完成，学生整理工/量具，清理设备和场地。

**任务评价**

学生依据评价表对完成的作品进行自评、互评，并将赋分填入表 4-4；指导教师对任务实施情况进行检查，并将赋分填入表 4-4。

**表 4-4　对接平焊焊缝评价表**

班级：_____　　姓名：_____　　序号：_____　　互评学生姓名：_____　　序号：_____

| 序号 | 考核项目 | 考核内容 | 配分 | 评分标准 | 自评 | | 互评 | | 教师评价 | |
|---|---|---|---|---|---|---|---|---|---|---|
| | | | | | 实测 | 得分 | 实测 | 得分 | 实测 | 得分 |
| 1 | 外观形状 | 咬边 | 10 | 深度大于 0.5mm，每 10mm 扣 2 分 | | | | | | |
| | | 焊波脱节 | 10 | 焊波距离大于 1mm，每处扣 2 分 | | | | | | |
| | | 焊缝变形 | 5 | 允许变形 3°以内，每超 1°扣 2 分 | | | | | | |
| 2 | 内部质量 | 气孔 | 5 | 有明显气孔，每两处扣 1 分 | | | | | | |
| | | 夹渣 | 5 | 一处点渣扣 1 分，条渣大于 2mm 扣 5 分 | | | | | | |
| | | 未焊透 | 10 | 未焊透深度大于 0.9mm，每 2mm 扣 5 分 | | | | | | |
| | | 焊穿 | 10 | 焊穿一处扣 5 分 | | | | | | |
| 3 | 操作正确性 | 正确掌握手工电弧焊的操作要领 | 10 | 不能熟练引弧、运条、熄弧等，每项扣 5 分 | | | | | | |
| | | 操作姿势正确、得当 | 5 | 操作姿势不正确扣 5 分 | | | | | | |
| 4 | 尺寸 | 余高 | 5 | 允许 0.5～1.5mm，每超差 1mm 扣 2 分 | | | | | | |
| | | 宽度 | 5 | 允许 8～10mm，每超差 1mm 扣 2 分 | | | | | | |
| | | 未焊完 | 5 | 每 2mm 扣 5 分 | | | | | | |
| 5 | 6S | 着装、卫生、工/量具摆放情况、安全、素养 | 15 | 1．工装、帽子等防护用品穿戴不符合规范要求每次扣 5 分；<br>2．实训期间串岗、打闹、玩手机或看无关书籍每次扣 5 分；<br>3．违反设备操作规程每次扣 5 分；<br>4．实训后不能保持场地、设备、工/量具等整齐有序每次扣 5 分 | | | | | | |
| 6 | 总分 | | | | | | | | | |

# 项目五　铸造实习

**知识目标**

1. 了解铸造过程及成形方法。

2. 熟悉手工造型工具。

3. 了解手工造型方法与应用场景。

4. 了解浇注系统的作用和组成。

**能力目标**

1. 能正确选用手工造型工具。

2. 能根据模样的形状选择合适的手工造型方法。

3. 懂得整模造型、分模造型的方法和操作要领。

**素质目标**

1. 培养学生分工协作、合作交流、分析和解决实际问题的能力。

2. 培养学生细心观察、反复实践、有理想、敢担当、能吃苦、肯奋斗的职业精神。

3. 学习大国工匠的先进事迹，培养学生严谨规范、爱岗敬业、执着专注、精益求精的工匠精神。

4. 培养学生正确的劳动观点、求实精神、质量和经济意识、安全意识。

## 任务 5.1　铸造实习入门指导

**任务要求**

1. 熟悉铸造过程。

2. 了解金属熔炼、浇注的过程。

3. 掌握整模造型、分模造型、挖砂造型的方法。

4. 理解浇注系统的作用。

**任务准备**

1. 设备：砂箱、电炉、干锅。

2. 工具：手锤、铁铲、筛子、砂春、通气针、镘刀等。

3. 材料：铝合金块、型砂。

4. 与本次授课内容相关的课件及其他设备。

**任务实施**

1. 在多媒体教室上课，指导教师在课堂上结合相关模样，通过 PPT 课件、视频等讲解砂型铸造的工艺过程、手工造型方法及浇注系统组成，以及本节课的学习目的、要求等；学生分组。

2. 指导教师现场讲解、演示手工造型过程。

3. 学生在指导教师的指导下进行手工造型及整模造型练习。

## 5.1.1 铸造过程及成形方法

铸造是将熔融金属浇入铸型，凝固后获得一定形状和性能的铸件的成形方法，如图 5-1 所示。

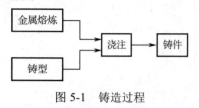

图 5-1 铸造过程

铸造适应能力强，可铸造各种合金类别、形状和尺寸的铸件，且成本低。但铸造生产工艺多，铸件质量不够稳定，废品率较高，力学性能较差。铸造主要用于受冲击力小、形状复杂毛坯的制造，如机床床身、发动机气缸体、支架、箱体等。

铸造成形的方法很多，主要分为砂型铸造和特种铸造两类。砂型铸造是指用型砂紧实成形的铸造方法。与砂型铸造不同的铸造方法统称为特种铸造。

## 5.1.2 砂型铸造的工艺过程

砂型铸造的工艺过程如图 5-2 所示。

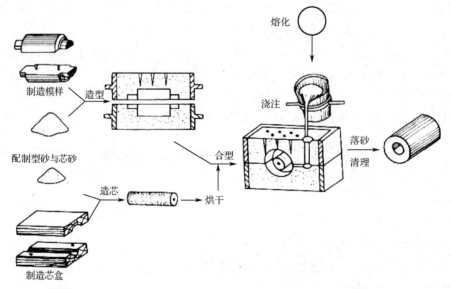

图 5-2 砂型铸造的工艺过程

## 5.1.3 铸型的组成部分

合型后，铸型的组成部分如图 5-3 所示。型砂被舂实在上、下砂箱中，连同砂箱一起，分别称为上型和下型。砂型被取出模样留下的空腔称为型腔。上砂型和下砂型的分界面称为分型面。图 5-3 中，型腔中有阴影线的部分表示型芯。用型芯是为了形成铸件上的孔或内腔。用来安放和固定型芯的部分为型芯头，型芯头安放在型芯座中。金属液从砂型的浇口杯中被浇入，经直浇道、横浇道、内浇道流入型腔。型腔的最高处一般开有冒口，以补充收缩和排出气体。被高温金属液包围的型芯所产生的气体由型芯排气道排出，而砂型中的气体则经通气孔排出。

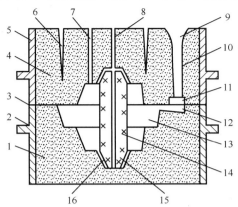

1—下砂型；2—下砂箱；3—分型面；4—上砂型；5—上砂箱；6—通气孔；7—冒口；8—型芯排气道；
9—浇口杯；10—直浇道；11—横浇道；12—内浇道；13—型腔；14—型芯；15—型芯头；16—型芯座。

图 5-3　铸型的组成部分

　　大多数铸造合金在凝固时均有较大的体积收缩，为了防止因此而产生的缺陷，一般在铸型上开设一定数量、形状的冒口。冒口是在铸型内储存供补缩铸件用金属液的空腔，位置一般在铸件最后凝固的位置或铸型浇注时的最高部位，其作用是补缩液态金属、排气和集渣。若浇注系统设计不合理，铸件将易产生冲砂、砂眼、夹渣、浇不足、气孔和缩孔等缺陷。

## 5.1.4　手工造型工具和工艺装备

　　手工造型是通过人工将模样安置在砂箱内进行造型的方法。

### 1．手工造型工具

　　常见的手工造型工具如图 5-4 所示。

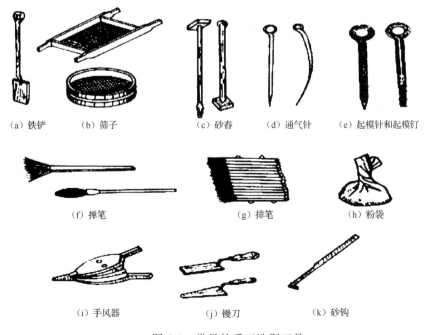

（a）铁铲　　　（b）筛子　　　　　（c）砂春　　（d）通气针　　（e）起模针和起模钉

（f）撢笔　　　　　　　　（g）排笔　　　　　（h）粉袋

（i）手风器　　　　（j）镘刀　　　　（k）砂钩

图 5-4　常见的手工造型工具

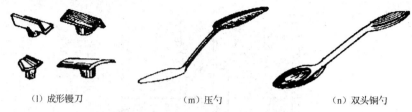

| (l) 成形镘刀 | (m) 压勺 | (n) 双头铜勺 |

图 5-4　常见的手工造型工具（续）

（1）铁铲：用来拌和型砂，并将其铲起送入指定地点。

（2）筛子：有长方形和圆形两种，长方形筛子用于筛分原砂或型砂，使用时，由两人分别握住筛子两端的把，抬起后让筛子前后移动将砂筛下；圆形筛子一般为手筛，造型时，用手端起，左右摇晃筛子将砂筛到模样上面。

（3）砂舂：造型时用来舂实型砂的工具。砂舂的头部分扁头和平头两种，扁头用来舂实模样周围及砂箱边或狭窄部分的型砂，平头用来舂实型砂表面。

（4）通气针：又称气眼针，有直形和弯形两种，用于在砂型中扎出通气孔，通常用铁丝或钢条制成，尺寸一般为 $\phi2\sim8mm$。

（5）起模针和起模钉：用来起出砂型中的模样。工作端为尖锥的为起模针，用来起出较小的模样；工作端为螺纹的为起模钉，用来起出较大的模样。

（6）掸笔：用来润湿模样边缘的型砂，以便起模和修型，有时也用来在狭小型腔中涂刷涂料。常用的掸笔有扁头的和圆头的两种。

（7）排笔：主要用来清除铸型上的灰尘和砂粒或在大的砂型表面涂刷涂料。

（8）粉袋：用来在型腔表面抖敷石墨粉或滑石粉。

（9）手风器：又称皮老虎，用来吹去砂型上散落的灰尘和砂粒。使用时不可用力过猛，以免损坏砂型。

（10）镘刀：用来修整砂型的较大平面。

（11）砂钩：又称提钩，用来修理砂型（芯）中深而窄的底面和侧壁，提出散落在型腔深处、窄处的型砂等。砂钩用工具钢制成，常用的有直砂钩和带后跟砂钩。按砂钩头部宽度和长度的不同又分为不同的种类，修型时，根据型腔部分的尺寸来选择。

（12）成形镘刀：用来修整镘光砂型（芯）上的内外圆角、方角和弧形面等。成形镘刀用钢、铸铁或青铜制成，工作面形状多种多样，实际生产中可根据所修表面的形状来选用。

（13）压勺：用来修理砂型（芯）的较小平面，开设较小的浇道等。压勺常用工具钢制成，其一端为弧面，另一端为平面，勺柄斜度为30°。

（14）双头铜勺：又称秋叶，用来修整曲面或窄小的凹面。

### 2．手工造型工艺装备

常用的手工造型工艺装备有模样、砂箱和造型平板等。

（1）模样是指由木材、金属或其他材料制成，用来形成铸型型腔的工艺装备。模样必须具有足够的强度、刚度和尺寸精度，表面必须光滑，只有这样才能保证铸型的质量。模样大多用木材制成，具有质轻、价廉和容易加工成形等特点，但木模的强度和刚度较低，容易变形和损坏，所以只适宜小批量生产。大批量生产时一般用金属模或塑料模。

（2）砂箱是指容纳和支承砂型的刚性框，具有便于舂实型砂、翻转和吊运砂型，浇注时防止金属液将砂型胀裂等作用。砂箱的箱体常做成方形框，在砂箱两侧设有便于合型的定位、锁紧和吊运装置；尺寸较大的砂箱，在框内还设有箱带。砂箱常用铸铁或铸钢制成，有时也可用铝合金及木材等制成。

（3）造型平板又称垫板，其工作表面光滑平直，用于造型时托住模样、砂箱和砂型。小型的造型平板一般用硬木制成，较大的常用铸铁、铸钢和铝合金等制成。

## 5.1.5 手工造型方法

手工造型操作灵活、工艺装备简单，但生产效率低、劳动强度大、铸件质量不稳定，仅适用于单件、小批量生产。手工造型方法有整模、分模、挖砂、活块、三箱、刮板、脱箱、叠箱、假箱、吊砂、活砂、组芯、漏模、劈箱、劈模等。手工造型的适应性强、应用范围较广。其中几种手工造型方法的工艺特点与应用场景比较如表 5-1 所示。

表 5-1　手工造型方法的工艺特点与应用场景比较

| 造型方法 | 模样 | 工艺特点 | 应用场景 |
| --- | --- | --- | --- |
| 整模造型 | 整模 | 造型操作简单方便，不易错型；铸型型腔形状和尺寸精度较好 | 分型面是平面且位于断面处，如齿轮坯、轴承座等 |
| 分模造型 | 分模 | 起模、修型方便，造型简单、省时，但合型时易错型 | 分型面位于模样最大截面处，如套筒、水管、阀体、曲轴、箱体等 |
| 挖砂造型 | 整模 | 操作水平要求较高，生产效率低；铸件外观及精度较差 | 分型面是曲面（不在端面，不便于分模），如单件生产的带轮、手轮等 |
| 活块造型 | 整模加活块 | 造型操作难度较大，生产效率低；活块部分的砂型损坏后修补困难，操作水平要求高 | 侧面有无法起模的凸台、铸肋等结构铸件的单件、小批量生产 |
| 三箱造型 | 分模 | 造型过程较复杂，生产效率较低，成本较高，且合型时易错型 | 单件、小批量生产中分型较复杂的铸件 |
| 刮板造型 | 刮板 | 制模简单，操作水平要求高，生产效率低 | 单件生产中尺寸较大的旋转体铸件 |

## 5.1.6 浇注系统

浇注时金属液流入铸型型腔所经过的通道称为浇注系统。浇注系统一般包括浇口杯、直浇道、横浇道和内浇道，如图 5-5 所示。

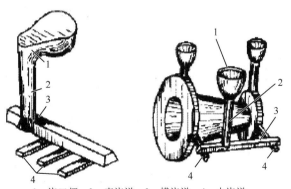

1—浇口杯；2—直浇道；3—横浇道；4—内浇道。

图 5-5　浇注系统

浇注系统各组成部分及作用如下。

（1）浇口杯是漏斗形外浇口，单独制造或直接在铸型内形成。其主要作用是承接浇注的金属液，使其均匀、平稳地进入直浇道，以减小金属液的冲击，并能避免熔渣和杂质进入直浇道。

（2）直浇道是浇注系统中的垂直通道。其主要作用是调节金属液流入型腔的速度，并产生一定的充填压力，使金属液充满型腔的各个部分。

（3）横浇道是浇注系统中连接直浇道和内浇道的水平通道部分。其主要作用是将金属液分配给各个内浇道，并起挡渣作用。

（4）内浇道是浇注系统中引导金属液进入型腔的部分。其主要作用是控制金属液流入型腔的速度和方向，以调节铸件各部分的冷却顺序。内浇道的方向不应对着型腔壁和型芯，以免其被金属液冲坏。

# 任务 5.2　综合练习

**任务要求**

1．小组讨论并根据模样制定造型步骤。

2．根据已制定的造型步骤进行整模造型、分模造型、挖砂造型实习。

3．依据评价表对作品进行自评、互评。

**任务准备**

1．设备：砂箱、电炉、干锅。

2．工具：手锤、铁铲、筛子、砂春、通气针、镘刀等。

3．材料：铝合金块、型砂。

4．与本次授课内容相关的课件及其他设备。

**任务实施**

1．在多媒体教室上课，指导教师在课堂上结合相关模样，通过 PPT 课件、视频等教学手段进行本节课的教学；学生分组。

2．每组学生讨论造型步骤，并进行记录。

3．每组学生在现场根据以下造型步骤进行整模造型、分模造型、挖砂造型。

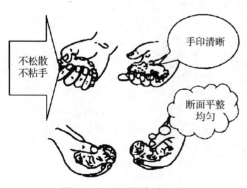

图 5-6　型砂的检验方法

（1）铸造前的准备工作。

① 模样的制作。根据铸造工艺图制作出模样（实习所用的模样在工具箱内）。

② 型砂的准备。砂子常夹杂有石头、砂石块等，这些都要通过筛砂机将它们筛分出来，学生实习时也可手工筛分。将砂子筛分完成后，加入胶粘剂搅拌均匀，然后进行检验。较为简便的检验方法是，用手抓起一把型砂，捏紧后放开，不松散且不粘手，手印清晰，把它折断时断面平整均匀，则表示型砂的强度和可塑性较好，如图5-6所示。

（2）整模造型的具体操作步骤。整模造型过程如图 5-7 所示。

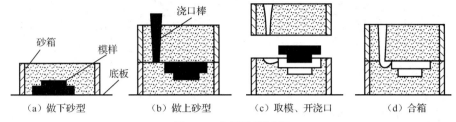

图 5-7  整模造型过程

① 将模样大平面朝下放置在底板上，安放下砂箱，使模样与砂箱内壁之间留有合适的吃砂量，如图 5-8 所示。

② 加砂至砂箱高度的 2/3 以上，先用平头砂舂紧砂，再用扁头砂舂舂实模样周围及砂箱边缘或狭窄部分的型砂，如图 5-9 所示。

图 5-8  放置模样

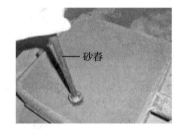

图 5-9  用砂舂紧砂

③ 分批填入型砂并逐层舂实，填入最后一层背砂，用平头砂舂舂实。

④ 用刮板刮去多余的背砂，使砂型表面与砂箱边缘齐平，如图 5-10 所示。

⑤ 翻转下砂型。

⑥ 用镘刀将模样四周及砂型表面抹平，如图 5-11 所示。

⑦ 撒上一层分型砂，用手风器吹去模样上的分型砂。

⑧ 放置上砂箱和浇口棒，如图 5-12 所示。

⑨ 分批填入型砂并逐层舂实，填入最后一层背砂，用平头砂舂舂实。

⑩ 用刮板刮去多余的背砂，使砂型表面与砂箱边缘齐平，如图 5-13 所示。

⑪ 用镘刀抹平浇口处型砂，扎出通气孔，取出浇口棒并在直浇道上端开挖漏斗形浇口杯。

图 5-10  刮平的下砂型

图 5-11  抹平砂型表面

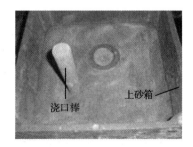

图 5-12  放置上砂箱和浇口棒

⑫ 在砂箱上做合箱记号，如图 5-14 所示。

图 5-13　刮平的上砂型

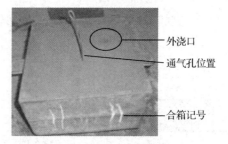

外浇口

通气孔位置

合箱记号

图 5-14　敞箱前的上砂型

⑬　敞箱，翻转放好，如图 5-15 所示。

⑭　修整分型面，扫除分型砂。

⑮　用揸笔润湿靠近模样的型砂，开挖浇道。

⑯　将模样向四周松动，如图 5-16 所示。

⑰　用起模棒将模样从砂型中小心地起出，并将损坏的砂型修整好，如图 5-17 所示。

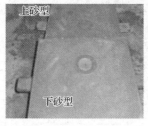

上砂型

下砂型

图 5-15　敞箱

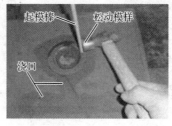

起模棒　松动模样

浇口

图 5-16　开浇口、起模

图 5-17　完成造型的下砂型

⑱　合型，将修整好的上砂型按照定位装置指示对准后放在下砂型上，抹好箱缝，准备浇注。

（3）分模造型的具体操作步骤。

①　将下半模大平面朝下放置在底板上，安放下砂箱，使模样与砂箱内壁之间留有合适的吃砂量，如图 5-18 所示。

②　加砂至砂箱高度的 2/3 以上，先用平头砂春紧砂，再用扁头砂春春实模样周围及砂箱边缘或狭窄部分的型砂。

③　分批填入型砂并逐层春实，填入最后一层背砂，用平头砂春春实。

④　用刮板刮去多余的背砂，使砂型表面与砂箱边缘齐平。

⑤　翻转下砂型。

⑥　用镘刀将模样四周及砂型表面抹平，如图 5-19 所示。

大平面朝下

图 5-18　放置下半模

图 5-19　抹平砂型表面

⑦ 放置上半模，使其与下半模对齐。敲入定位销与下半模固定住。撒上一层分型砂，用手风器吹去模样上的分型砂，如图 5-20 所示。

⑧ 放置上砂箱和浇口棒。

⑨ 填入面砂，覆盖住上半模。

⑩ 用手轻压面砂，固定浇口棒和上半模。

⑪ 分批填入型砂并逐层舂实，填入最后一层背砂，用平头砂舂舂实。

⑫ 用刮板刮去多余的背砂，使砂型表面与砂箱边缘齐平。

⑬ 用镘刀抹平浇口处型砂，扎出通气孔，取出浇口棒并在直浇道上端开挖漏斗形浇口杯。

⑭ 在砂箱上做合箱记号，如图 5-21 所示。

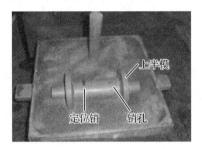

图 5-20　放置上半模

图 5-21　敞箱前的上砂型

⑮ 敞箱，翻转放好，如图 5-22 所示。

⑯ 修整分型面，扫除分型砂。

⑰ 用掸笔润湿靠近模样的型砂，开挖浇道。

⑱ 将模样向四周松动。

⑲ 用起模棒将上下两个模样分别从上、下砂型中小心地起出，并将损坏的砂型修整好，如图 5-23 所示。

图 5-22　敞箱

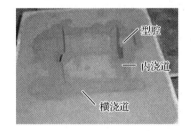

图 5-23　完成造型的下砂型

⑳ 合型，将修整好的上砂型按照定位装置指示对准后放在下砂型上，抹好箱缝，准备浇注。

（4）挖砂造型的具体操作步骤。

① 将模样大平面朝下放置在底板上，安放下砂箱，使模样与砂箱内壁之间留有合适的吃砂量，如图 5-24 所示。

② 填入面砂，覆盖住手轮。

③ 用手用力压手轮上面的面砂。

④ 分批填入型砂并逐层春实，填入最后一层背砂，用平头砂春春实。

⑤ 用刮板刮去多余的背砂，使砂型表面与砂箱边缘齐平。

⑥ 翻转下砂型。

⑦ 用镘刀将模样四周及砂型表面抹平，如图 5-25 所示。

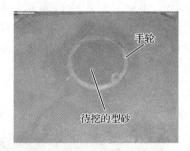

图 5-24　放置模样　　　　　　　　图 5-25　挖砂前的下砂型

⑧ 用压勺挖掉阻碍起模的砂子，挖砂的深度要恰好到模样最大截面处，如图 5-26 所示。分型面光滑平整，坡度合适，便于开型和合型操作。

⑨ 用镘刀将模样四周及砂型表面抹平。

⑩ 撒上一层分型砂，用手风器吹去模样上的分型砂。

⑪ 放置上砂箱和浇口棒。

⑫ 分批填入型砂并逐层春实，填入最后一层背砂，用平头砂春春实。

⑬ 用刮板刮去多余的背砂，使砂型表面与砂箱边缘齐平。

⑭ 用镘刀抹平浇口处型砂，扎出通气孔，取出浇口棒并在直浇道上端开挖漏斗形浇口杯。

⑮ 在砂箱上做合箱记号，如图 5-27 所示。

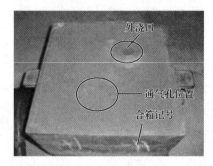

图 5-26　完成挖砂的下砂型　　　　　图 5-27　敞箱前的上砂型

⑯ 敞箱，翻转放好，如图 5-28 所示。注意：敞箱时必须先垂直向上移动上砂型。

⑰ 将模样向四周松动。

⑱ 用起模棒将模样从砂型中小心地起出，并将损坏的砂型修整好，如图 5-29 所示。

⑲ 合型，将修整好的上砂型按照定位装置指示对准后放在下砂型上，抹好箱缝，准备浇注。

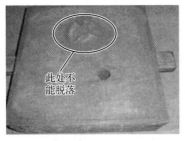

图 5-28　敞箱

图 5-29　完成造型的下砂型

（5）浇注。

① 金属熔炼。采用坩埚式电阻炉熔炼铝合金。铝合金材料主要是铝和锌的合金，锌的含量约为 30%。将铝合金放入坩埚中，温控器设定在 680℃，加热至金属完全融化。保温，等待浇注。熔炼时金属不要超过坩埚容量的 2/3，熔炼过程中不能加入室温下的金属，以免造成坩埚破裂。

② 熔炼、浇注的注意事项。

浇注前：清理场地、估算金属液、工具预热、辅料准备。

浇注中：温度控制、浇注速度控制、浇注流量大小控制、敞渣、引气。

浇注后：确保有足够的凝固时间，浇注铝件一般为 10～15min，小型铁件一般为 30min以上，清砂、去浇口。

③ 进行熔炼和浇注。

④ 冷却，落砂处理。

⑤ 检验铸件质量。

**任务评价**

学生依据评价表对完成的作品进行自评、互评，并将赋分填入表 5-2～表 5-4；指导教师对任务实施情况进行检查，并将赋分填入表 5-2～表 5-4。

**表 5-2　砂型铸造整模造型评价表**

班级：_____　姓名：_____　序号：_____　互评学生姓名：_____　序号：_____

| 序号 | 考核项目 | 考核内容 | 配分 | 评分标准 | 自评 | | 互评 | | 教师评价 | |
|---|---|---|---|---|---|---|---|---|---|---|
| | | | | | 实测 | 得分 | 实测 | 得分 | 实测 | 得分 |
| 1 | 整体质量 | 分型面 | 10 | 分型面整体下沉 5mm 以内扣 5 分，超过 5mm 扣 10 分；分型面表面高低不平酌情扣 2～5 分 | | | | | | |
| | | 砂型结构强度 | 5 | 砂型出现局部塌陷扣 5 分 | | | | | | |
| | | 定位线 | 5 | 没做定位线扣 5 分；定位线不合理扣 5 分 | | | | | | |
| 2 | 工具使用 | 正确使用造型工具与修型工具 | 10 | 造型工具与修型工具使用错误，每次扣 5 分 | | | | | | |

| 序号 | 考核项目 | 考核内容 | 配分 | 评分标准 | 自评 | | 互评 | | 教师评价 | |
|---|---|---|---|---|---|---|---|---|---|---|
| | | | | | 实测 | 得分 | 实测 | 得分 | 实测 | 得分 |
| 3 | 浇注系统 | 外浇口 | 10 | 外浇口没挖扣10分;表面没修光滑扣5分 | | | | | | |
| | | 直浇道 | 5 | 直浇道位置不合理扣5分 | | | | | | |
| | | 横浇道 | 10 | 横浇道没有和直浇道连接扣10分;横浇道表面没修光滑酌情扣2~5分;宽度超过直浇道2mm以上扣5分;深度小于5mm或大于20mm扣5分 | | | | | | |
| | | 内浇道 | 10 | 内浇道与轮缘不相切扣5分;内浇口深度大于10mm扣5分;宽度大于10mm扣5分;浇道表面不光滑扣5分 | | | | | | |
| | | 排气孔 | 5 | 排气孔没有做扣5分;排气孔数量和位置不合理酌情扣2~5分 | | | | | | |
| 4 | 型腔 | 砂型 | 15 | 型腔整体破坏扣15分;型腔变形酌情扣5~10分;型腔四周有缺口或砂子不紧实酌情扣5~10分 | | | | | | |
| 5 | 6S | 着装、卫生、工/量具摆放情况、安全、素养 | 15 | 1.工装、帽子等防护用品穿戴不符合规范要求每次扣5分;<br>2.实训期间串岗、打闹、玩手机或看无关书籍每次扣5分;<br>3.违反设备操作规程每次扣5分;<br>4.实训后不能保持场地、设备、工/量具等整齐有序每次扣5分 | | | | | | |
| 6 | | 总分 | | | | | | | | |

### 表5-3 砂型铸造分模造型评价表

班级:_____ 姓名:_____ 序号:_____ 互评学生姓名:_____ 序号:_____

| 序号 | 考核项目 | 考核内容 | 配分 | 评分标准 | 自评 | | 互评 | | 教师评价 | |
|---|---|---|---|---|---|---|---|---|---|---|
| | | | | | 实测 | 得分 | 实测 | 得分 | 实测 | 得分 |
| 1 | 整体质量 | 分型面 | 10 | 分型面整体下沉5mm以内扣5分,超过5mm扣10分;分型面表面高低不平酌情扣2~5分 | | | | | | |
| | | 砂型结构强度 | 5 | 砂型出现局部塌陷扣5分 | | | | | | |
| | | 定位线 | 5 | 没做定位线扣5分;定位线不合理扣5分 | | | | | | |
| 2 | 工具使用 | 正确使用造型工具与修型工具 | 10 | 造型工具与修型工具使用错误,每次扣5分 | | | | | | |
| 3 | 浇注系统 | 外浇口 | 10 | 外浇口没挖扣10分;表面没修光滑扣5分 | | | | | | |
| | | 直浇道 | 5 | 直浇道位置不合理扣5分 | | | | | | |

| 序号 | 考核项目 | 考核内容 | 配分 | 评分标准 | 自评 | | 互评 | | 教师评价 | |
|---|---|---|---|---|---|---|---|---|---|---|
| | | | | | 实测 | 得分 | 实测 | 得分 | 实测 | 得分 |
| 3 | 浇注系统 | 横浇道 | 10 | 横浇道没有和直浇道连接扣 10 分；横浇道表面没修光滑酌情扣 2～5 分；宽度超过直浇道 2mm 以上扣 5 分；深度小于 5mm 或大于 20mm 扣 5 分 | | | | | | |
| | | 内浇道 | 10 | 内浇道与模样最大圆柱等分线不相切扣 5 分；内浇口深度大于 10mm 扣 5 分；宽度大于 10mm 扣 5 分；浇道表面不光滑扣 5 分 | | | | | | |
| | | 排气孔 | 5 | 排气孔没有做扣 5 分；排气孔数量和位置不合理酌情扣 2～5 分 | | | | | | |
| 4 | 型腔 | 砂型 | 15 | 型腔整体破坏扣 15 分；型腔变形酌情扣 5～10 分；型腔四周有缺口或砂子不紧实酌情扣 5～10 分；上下砂型不能有效配合扣 10 分 | | | | | | |
| 5 | 6S | 着装、卫生、工/量具摆放情况、安全、素养 | 15 | 1. 工装、帽子等防护用品穿戴不符合规范要求每次扣 5 分；<br>2. 实训期间串岗、打闹、玩手机或看无关书籍每次扣 5 分；<br>3. 违反设备操作规程每次扣 5 分；<br>4. 实训后不能保持场地、设备、工/量具等整齐有序每次扣 5 分 | | | | | | |
| 6 | | 总分 | | | | | | | | |

## 表 5-4　砂型铸造挖砂造型评价表

班级：_____　姓名：_____　序号：_____　互评学生姓名：_____　序号：_____

| 序号 | 考核项目 | 考核内容 | 配分 | 评分标准 | 自评 | | 互评 | | 教师评价 | |
|---|---|---|---|---|---|---|---|---|---|---|
| | | | | | 实测 | 得分 | 实测 | 得分 | 实测 | 得分 |
| 1 | 整体质量 | 分型面 | 10 | 分型面整体下沉 5mm 以内扣 5 分，超过 5mm 扣 10 分；分型面表面高低不平酌情扣 2～5 分 | | | | | | |
| | | 砂型结构强度 | 5 | 砂型出现局部塌陷扣 5 分 | | | | | | |
| | | 定位线 | 5 | 没做定位线扣 5 分；定位线不合理扣 5 分 | | | | | | |
| 2 | 工具使用 | 正确使用造型工具与修型工具 | 10 | 造型工具与修型工具使用错误，每次扣 5 分 | | | | | | |
| 3 | 浇注系统 | 外浇口 | 10 | 外浇口没挖扣 10 分；表面没修光滑扣 5 分 | | | | | | |
| | | 直浇道 | 5 | 直浇道位置不合理扣 5 分 | | | | | | |

| 序号 | 考核项目 | 考核内容 | 配分 | 评分标准 | 自评 | | 互评 | | 教师评价 | |
|---|---|---|---|---|---|---|---|---|---|---|
| | | | | | 实测 | 得分 | 实测 | 得分 | 实测 | 得分 |
| 3 | 浇注系统 | 横浇道 | 10 | 横浇道没有和直浇道连接扣10分;横浇道表面没修光滑酌情扣2~5分;宽度超过直浇道2mm以上扣5分;深度小于5mm或大于20mm扣5分 | | | | | | |
| | | 内浇道 | 10 | 内浇道与手轮不相切扣5分;内浇口深度大于10mm扣5分;宽度大于10mm扣5分;浇道表面不光滑扣5分 | | | | | | |
| | | 排气孔 | 5 | 排气孔没有做扣5分;排气孔数量和位置不合理酌情扣2~5分 | | | | | | |
| 4 | 型腔 | 砂型 | 15 | 型腔整体破坏扣15分;型腔变形酌情扣5~10分;型腔四周有缺口或砂子不紧实酌情扣5~10分;上下砂型不能有效配合扣10分 | | | | | | |
| 5 | 6S | 着装、卫生、工/量具摆放情况、安全、素养 | 15 | 1. 工装、帽子等防护用品穿戴不符合规范要求每次扣5分;<br>2. 实训期间串岗、打闹、玩手机或看无关书籍每次扣5分;<br>3. 违反设备操作规程每次扣5分;<br>4. 实训后不能保持场地、设备、工/量具等整齐有序每次扣5分 | | | | | | |
| 6 | 总分 | | | | | | | | | |

# 项目六　激光切割实习

**知识目标**

1．了解非金属激光切割机的原理。

2．掌握 LaserCAD 软件的初始化设置及画图方法。

**能力目标**

1．懂得正确、安全地操作激光切割机。

2．能根据图样、板材厚度及 LaserCAD 软件选择相应的功率、进给速度。

3．能进行激光切割机调试，使用 LaserCAD 软件绘制二维线图。

4．能根据图样生成激光切割程序。

**素质目标**

1．培养学生分工协作、合作交流、分析和解决实际问题的能力。

2．培养学生细心观察、反复实践、有理想、敢担当、能吃苦、肯奋斗的职业精神。

3．学习大国工匠的先进事迹，培养学生严谨规范、爱岗敬业、执着专注、精益求精的工匠精神。

4．培养学生正确的劳动观点、求实精神、质量和经济意识、安全意识。

## 任务 6.1　激光切割实习入门指导

**任务要求**

1．学习 LaserCAD 软件。

2．会用 LaserCAD 软件绘制简单的图样并生成激光切割程序。

3．基本掌握激光切割机的操作技能。

**任务准备**

1．设备：台式计算机、激光切割机。

2．量具：游标卡尺、钢直尺。

3．材料：500mm×500mm 椴木板一块。

4．与本次授课内容相关的 PPT 课件及其他设备。

**任务实施**

1．在多媒体教室上课，指导教师在课堂上结合图样，通过 PPT 课件、视频等讲解 LaserCAD 软件，以及本节课的学习目的、要求等；学生分组。

2．指导教师现场讲解、演示 LaserCAD 软件及激光切割机的操作方法。

3．学生在指导教师的指导下进行 LaserCAD 软件和激光切割机的操作练习。

## 6.1.1 设置 LaserCAD 软件

（1）双击 LaserCAD 软件的快捷方式图标，打开如图 6-1 所示的启动界面。

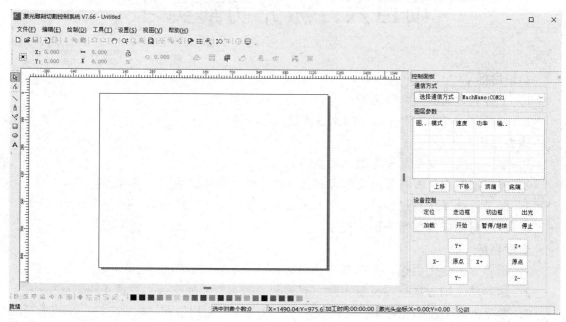

图 6-1　LaserCAD 启动界面

（2）选择"设置"菜单（见图 6-2）中的"系统参数"命令，弹出如图 6-3 所示的"系统参数"对话框。将"机器零点位置"和"页面零点位置"均设为"左上"，与激光切割设备情况保持一致，单击"确定"按钮，返回启动界面。

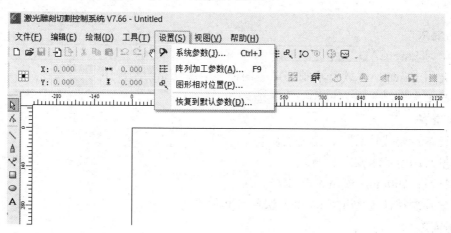

图 6-2　"设置"菜单

（3）选择"设置"菜单中的"图形相对位置"命令，如图 6-4 所示，弹出如图 6-5 所示的"图形相对位置"对话框。将"激光头相对图形位置"设为"左上"，单击"确定"按钮。

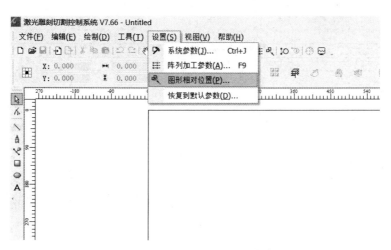

图 6-3 "系统参数"对话框

图 6-4 "图形相对位置"命令

图 6-5 "图形相对位置"对话框

## 6.1.2 用 LaserCAD 软件绘图

（1）单击如图 6-6 所示编辑工具栏中的矩形图标。

图 6-6 单击编辑工具栏中的矩形图标

（2）单击如图 6-7 所示绘图区中的任意一点，拖曳出一个矩形。

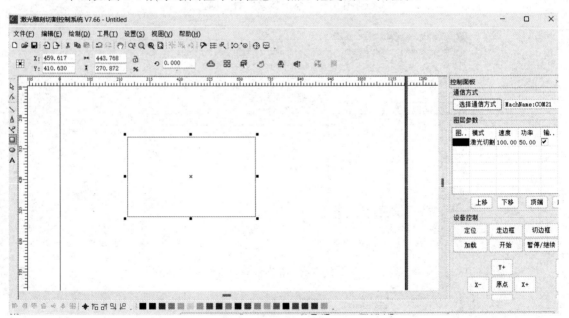

图 6-7 拖曳出一个矩形

（3）软件左上角会显示矩形的位置和大小，用户可对数值进行修改，单位为 mm，如图 6-8 所示。

图 6-8  显示矩形的位置和大小

（4）将矩形大小修改为长 290mm、宽 100mm，得到如图 6-9 所示的图形。

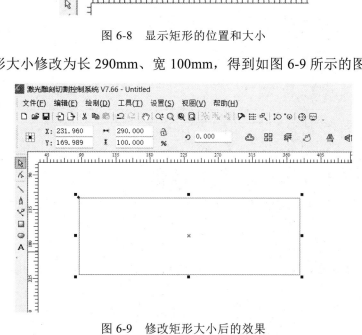

图 6-9  修改矩形大小后的效果

## 6.1.3  绘制数字

（1）单击如图 6-10 所示编辑工具栏中的文本图标。

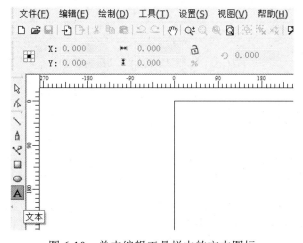

图 6-10  单击编辑工具栏中的文本图标

（2）在如图 6-9 所示的矩形区域内双击，弹出如图 6-11 所示的"编辑文本"对话框。

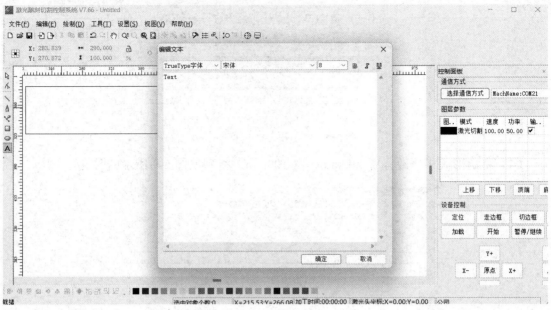

图6-11 "编辑文本"对话框

（3）输入内容，如图6-12所示。单击"确定"按钮。

（4）单击左侧编辑工具栏中的鼠标形状图标，如图6-13所示，将其切换为箭头形状。

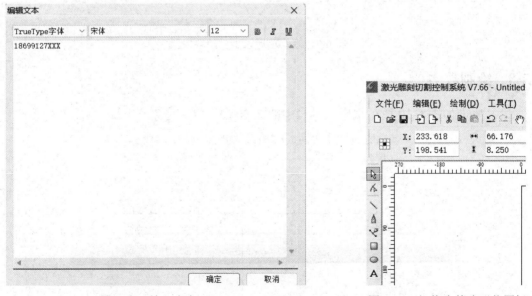

图6-12 输入内容　　　　　　　　　　　　图6-13 切换为箭头形状图标

（5）如图6-14所示，选中右下角的黑色实心方框，按住鼠标左键拖动，可以调整所输入内容的大小；选中中心的"X"形图标，按住鼠标左键拖动，可以调整所输入内容的位置。将输入的内容调整到合适的大小和位置后继续输入其他内容，如图6-15所示。

18699127XXX

18699127XXX

图 6-14　修改输入内容的大小和位置

18699127XXX

妨碍到您很抱歉！

图 6-15　继续输入其他内容

## 6.1.4　在 AutoCAD 软件中导入文件

AutoCAD 软件界面如图 6-16 所示。

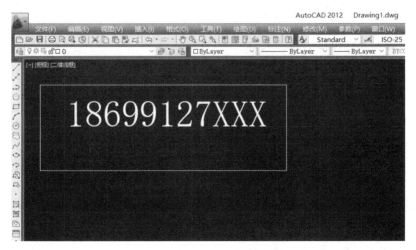

图 6-16　AutoCAD 软件界面

（1）单击左上角的"保存"按钮，如图 6-17 所示。

图 6-17　单击"保存"按钮

（2）在弹出的"图形另存为"对话框中进行文件保存，文件类型选择"AutoCAD 2010 DXF（*.dxf）"，如图 6-18 所示。单击"保存"按钮。

图 6-18　"图形另存为"对话框

## 6.1.5　在 LaserCAD 软件中导入 DXF 文件

（1）在 LaserCAD 软件启动界面单击"导入"按钮，如图 6-19 所示。按提示找到之前保存的文件，单击"打开"按钮。

图 6-19　单击"导入"按钮

（2）导入 DXF 文件。

## 6.1.6　设置加工参数

停车牌外轮廓采用激光切割工艺加工，而文字部分采用激光雕刻工艺加工，两者加工工艺不同，所以需要进行不同的设置。

（1）修改颜色。框选文字部分，单击左下角图层工具栏中的色块，选择一种颜色，如图 6-20 所示。

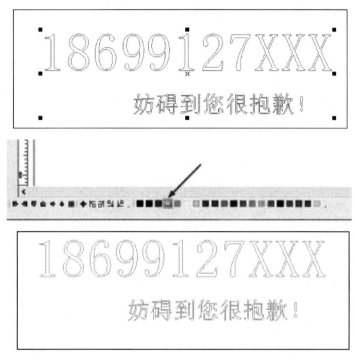

图 6-20　修改文字颜色

（2）设置加工顺序。激光雕刻、切割需要按照一定的加工顺序进行，先雕刻后切割，先内后外。如图 6-21 所示，右侧的控制面板中有两种不同颜色的图层，此时显示的是先加工黑色图层，后加工绿色图层。

图 6-21　控制面板

选中一个图层，单击"上移"或"下移"按钮调整加工顺序，如图 6-22 所示。

图 6-22　调整加工顺序

也可以设置自动排序。选择"工具"菜单中的"优化排序"命令（见图 6-23），弹出如图 6-24 所示的"路径优化参数"对话框。设置自动排序规则，单击"确定"按钮。

图 6-23　"优化排序"命令

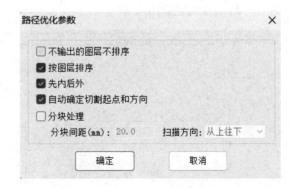

图 6-24　"路径优化参数"对话框

（3）设置加工参数。

① 激光切割参数设置：双击控制面板"图层参数"中的切割图层，在弹出的"图层参数"对话框中修改激光切割参数，如图 6-25 所示。

② 激光雕刻参数设置：小功率配合高速度。将加工方式修改为"激光雕刻"，如图 6-26 所示。此时可以修改激光雕刻参数。

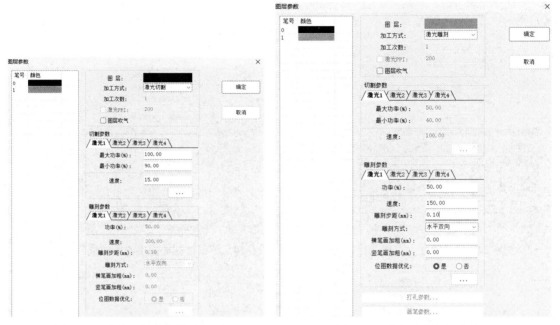

图 6-25　激光切割参数修改界面　　　　　图 6-26　激光雕刻参数修改界面

单击"确定"按钮结束参数设置，如图 6-27 所示。

（4）保存 pwj5 文件。为了以后可以继续修改，可以将编辑好的文件保存下来。选择"文件"菜单中的"保存"或"另存为"命令，如图 6-28 所示，按提示将其保存为 pwj5 文件。也可以直接单击工具栏中的"保存"按钮进行保存，如图 6-29 所示。

图 6-27　激光切割、激光雕刻参数设置完毕

图 6-28　通过"文件"菜单保存文件

（5）导出 UD5 文件。UD5 文件是激光切割设备可以识别的加工文件，是为了加工而制作的最终文件。单击控制面板中的"加载"按钮（见图 6-30），弹出如图 6-31 所示的"文档加载"对话框。

（6）修改文件名（必须为英文字母，激光切割设备无法识别中文字符）。单击"保存当前文档为脱机文件"按钮，保存为"示范.UD5"。

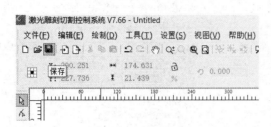

图 6-29　通过"保存"按钮保存文件　　　　图 6-30　单击控制面板中的"加载"按钮

图 6-31　"文档加载"对话框

（7）将生成的 UD5 文件复制到 U 盘的根目录中，至此，LaserCAD 软件端的操作结束。

## 6.1.7　激光切割机操作

（1）打开设备电源后开启抽风系统或净化系统。

（2）打开舱盖，将木板摆放在设备工作台上，如图 6-32 所示。

图 6-32　将木板摆放在设备工作台上

（3）其左侧的激光切割机操作面板如图 6-33 所示。

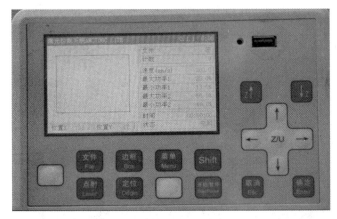

图 6-33 激光切割机操作面板

（4）将"示范.UD5"文件导入设备。

① 按"菜单"键，如图 6-34 所示。

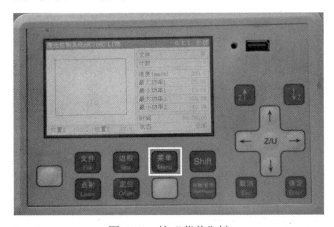

图 6-34 按"菜单"键

② 插入保存了"示范.UD5"文件的 U 盘，将箭头光标对准"U 盘文件"，按"确定"键，如图 6-35 所示。

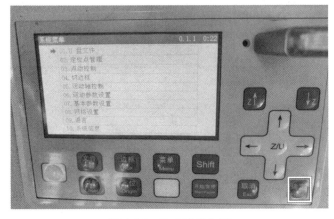

图 6-35 按"确定"键

③ 将箭头光标对准"U盘工作文件",继续按"确定"键,如图6-36所示。

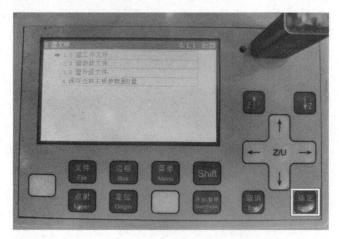

图6-36　继续按"确定"键

④ 按上、下方向键移动箭头光标,如图6-37所示。选中"示范.UD5"文件,按"确定"键,完成文件向设备的导入,如图6-38所示。

图6-37　按上、下方向键移动箭头光标

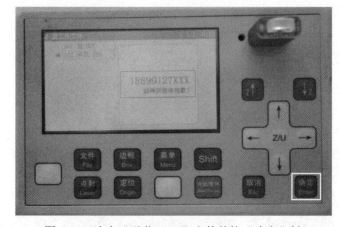

图6-38　选中"示范.UD5"文件并按"确定"键

⑤ 文件被成功导入后，工作界面左侧区域会显示加工文件图形，如图6-39所示。

图6-39 显示加工文件图形

（5）调节激光头高度。激光是利用聚焦点烧灼木板表面的，此时加工质量最好。所以对应不同厚度的木板，需调节激光头的高度。

实习设备激光头出口距离木板上表面6mm为最佳位置，因此用两块3mm厚的木板进行标定，如图6-40所示。

图6-40 调节激光头高度

① 松开图6-40所示的两个紧定螺钉，将激光头向上抬起。
② 放入两块3mm厚的木板。
③ 让激光头自然落到木板表面。
④ 拧紧两个紧定螺钉。
⑤ 抽走两块木板，至此，激光头高度调节完成。

（6）设置加工起始点。按上、下方向键移动激光头位置。调整到合适的位置后，按"定位"键，如图6-41所示。此时激光头所在位置为加工起始点。

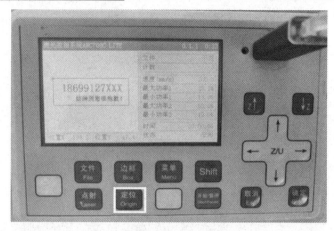

图 6-41　按 "定位" 键

（7）检查加工范围。按 "边框" 键，确认加工范围没有超出幅面，或与已切割空洞没有重叠，如图 6-42 所示。

图 6-42　检查加工范围

（8）合上舱盖，按 "开始/暂停" 键开始加工，如图 6-43 所示。

图 6-43　开始加工

（9）加工结束，等待 10s，待烟尘被完全抽走后，打开舱盖，取出加工零件，如图 6-44 所示。

图 6-44　加工完成

# 任务 6.2　综合练习

**任务要求**

1．小组讨论并根据图样制定加工步骤。

2．根据已制定的加工步骤操作 LaserCAD 软件生成激光切割程序。

3．运用生成的激光切割程序操作激光切割机。

4．依据评价表对作品进行自评、互评。

**任务准备**

1．设备：台式计算机、激光切割机。

2．量具：游标卡尺、钢直尺。

3．材料：500mm×500mm 椴木板一块。

4．与本次授课内容相关的 PPT 课件及其他设备。

**任务实施**

1．在多媒体教室上课，指导教师在课堂上结合图样，通过 PPT 课件、视频等讲解本节课的学习目的、要求等；学生分组。

2．每组学生讨论图 6-45 所示作品的激光切割程序生成过程，并进行记录。

3．每组学生根据图样操作 LaserCAD 软件生成激光切割程序，操作激光切割机进行加工。

4．加工完成，学生整理工/量具，清理设备和场地。

图 6-45　实习作品

**任务评价**

学生依据评价表对完成的作品进行自评、互评，并将赋分填入表 6-1；指导教师对任务实施情况进行检查，并将赋分填入表 6-1。

表 6-1　激光切割作品评价表

班级：_____　姓名：_____　序号：_____　互评学生姓名：_____　序号：_____

| 序号 | 考核项目 | 考核内容 | 配分 | 评分标准 | 自评 | | 互评 | | 教师评价 | |
|---|---|---|---|---|---|---|---|---|---|---|
| | | | | | 实测 | 得分 | 实测 | 得分 | 实测 | 得分 |
| 1 | 外观形状 | 外观尺寸（50mm×120mm） | 15 | 外观尺寸每超差 0.1mm 扣 15 分；表面高低不平酌情扣 2～5 分 | | | | | | |
| | | 各个图片的位置 | 15 | 图片位置不准确扣 10 分 | | | | | | |
| | | 字体、图片有无缺损 | 15 | 字体、图片有缺损扣 5 分 | | | | | | |
| 2 | 字体、图片雕刻质量 | 字体雕刻深度 | 10 | 字体雕刻深度不达标扣 5 分 | | | | | | |
| | | 图片雕刻深度 | 10 | 图片雕刻深度不达标扣 5 分 | | | | | | |
| 3 | 激光切割机操作 | 操作流程正确 | 10 | 操作流程中出错一处扣 5 分 | | | | | | |
| | | 一次完成雕刻、切割任务 | 10 | 需重复两次雕刻、切割才能完成任务扣 5 分 | | | | | | |
| 4 | 6S | 着装、卫生、工/量具摆放情况、安全、素养 | 15 | 1. 工装、帽子等防护用品穿戴不符合规范要求每次扣 5 分；2. 实训期间串岗、打闹、玩手机或看无关书籍每次扣 5 分；3. 违反设备操作规程每次扣 5 分；4. 实训后不能保持场地、设备、工/量具等整齐有序每次扣 5 分 | | | | | | |
| 5 | 总分 | | | | | | | | | |

# 项目七　3D 打印实习

**知识目标**

1．了解 3D 打印的原理及加工过程。

2．认识打印机各部件的作用。

3．学会切片软件的参数设置。

4．了解 3D 打印的加工范围及应用场景。

**能力目标**

1．懂得使用 3D 打印机对切片模型进行打印。

2．会根据模型的实际情况正确选用支承方式。

3．会使用 mWare 软件对模型进行切片。

**素质目标**

1．培养学生分工协作、合作交流、分析和解决实际问题的能力。

2．培养学生细心观察、反复实践、有理想、敢担当、能吃苦、肯奋斗的职业精神。

3．学习大国工匠的先进事迹，培养学生严谨规范、爱岗敬业、执着专注、精益求精的工匠精神。

4．培养学生正确的劳动观念、求实精神、质量和经济意识、安全意识。

## 任务 7.1　3D 打印实习入门指导

**任务要求**

1．学习 3D 打印的原理。

2．了解 3D 打印机各部件的作用。

3．能进行模型的切片、打印。

**任务准备**

1．设备：3D 打印机、台式计算机、U 盘。

2．工具：铲刀、尖嘴钳、六角扳手、钢丝刷。

3．材料：1.75mm PLA（聚乳酸）一卷。

4．与本次授课内容相关的 PPT 课件及其他设备。

**任务实施**

1．在多媒体教室上课，指导教师在课堂上结合实物，通过 PPT 课件、视频等讲解 3D 打印，以及本节课的学习目的、要求等；学生分组。

2．指导教师现场讲解、演示 3D 打印的操作方法。

3．学生在指导教师的指导下进行 3D 打印练习。

### 7.1.1 装载和加载耗材

#### 1. 装载耗材

取出 PLA 耗材，并挂在打印机后方的耗材支架上，用尖嘴钳将线丝末端部分剪断后，插入耗材线轴的固定孔内待用，如图 7-1 所示。

图 7-1　装载耗材

注意事项：

（1）每次装载耗材时，都需要用尖嘴钳将线丝末端弯折或膨大的部分剪掉，否则无法顺利插入打印头。

（2）安装完成后注意检查干燥性能，在 30min 内将干燥箱内的湿度降至 20%或以下。

（3）确保放进干燥箱的耗材没有缠绕打结，也没有松脱。

（4）左侧的耗材从左侧的孔引出，右侧的耗材从右侧的孔引出，3kg 的单卷耗材从中间的孔引出。

#### 2. 加载耗材

（1）在机身后方，插上电源线后开启电源；打开顶盖，将耗材插入齿轮之间，如图 7-2 所示。

图 7-2　将耗材插入齿轮之间

（2）选择 Prepare→Move Platform 菜单命令，将打印平台向下降 5cm 左右（如果打印平台与喷嘴紧贴在一起，将不便于观察耗材挤出的状态），如图 7-3 所示；选择 Prepare→Preheat Nozzle 菜单命令，3D 打印机会按设定的温度值自动加热喷嘴。

图 7-3　下降打印平台

（3）待喷嘴预热完成后，长按最右侧的向下按钮，打印头会持续挤出耗材；按住该按钮 10～15s，直到耗材稳定地从喷嘴挤出。至此，加载耗材完成。

## 7.1.2　校准打印平台

（1）选择 Utilities→Calibration 菜单命令，打开打印平台校准功能，打印头先移动到打印平台的 1 号感应点，如图 7-4 所示，液晶屏会给出提示，通过旋转平台底部对应的调平螺母，使打印平台由下向上缓慢靠近喷嘴；当打印平台左右两侧的灯点亮时，表示喷嘴与打印平台已接触，此时停止旋转调平螺母后反向旋转，直到灯熄灭。

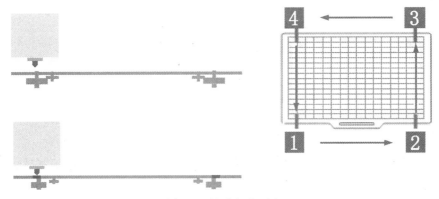

图 7-4　校准打印平台

（2）按打印机的 Next 键后，打印头自动移至 2 号感应点。

（3）重复以上操作，直至完成所有（四个）感应点的手动校准。

（4）完成校准后，喷嘴紧贴打印平台，此时需将四个调平螺母分别拧紧 45°以降低打印平台的高度，使打印平台与喷嘴之间有合适的间隙以完成打印。

注意事项：

（1）手动校准前，先将调平螺母拧紧，使打印平台与喷嘴之间空开一定的距离，再缓慢地拧松调平螺母，使打印平台缓慢向上抬升；当打印平台左右两侧的灯点亮时立即停止抬升。

（2）图 7-4 中的数字 1、2、3、4 分别代表打印平台表面的四个校准感应点。手动校准过程中，打印头将按数字顺序移动。

（3）旋转调平螺母时要尽量缓慢，以确保灯点亮时喷嘴与打印平台之间是弱接触。如果旋转调平螺母的速度过快，那么打印平台与喷嘴接触时，两者之间可能存在较大压力，此时若将喷嘴移开，则热床的高度会发生变化，造成该感应点需要二次校准。

## 7.1.3　导入和调整模型

### 1. 导入模型

打开 mWare 软件，如图 7-5 所示。导入模型文件，支持的文件格式包括 STL、OBJ、3MF。

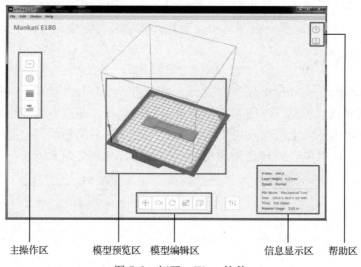

主操作区　　　模型预览区　模型编辑区　　　信息显示区　帮助区

图 7-5　打开 mWare 软件

### 2．调整模型

用鼠标左键点选模型后，可以通过模型编辑区的五个按钮对模型进行移动、视图切换、旋转、缩放、镜像操作。

（1）移动。通过在图 7-6 所示的 X[①]、Y、Z 三个文本框中输入正值或负值，可以控制物体在打印平台上的位置。在 Z 文本框中输入负值，可以使模型底部低于打印平台，从而实现将模型底部切除的功能。单击右侧的 ▯ 按钮，可将悬空的模型移至打印平台表面。单击 ▮ 按钮，可将模型移至打印平台中央。

（2）视图切换。单击图 7-7 所示的 Top、Left、Front、Home 四个按钮，可以切换视图的角度。单击 Normal 和 Layers 按钮，可以在常规视图和层视图之间切换。勾选 Display Overhang 复选框，可以预览模型表面需要支承结构的部分。

（3）旋转。通过在图 7-8 所示的 X、Y、Z 三个文本框中输入正值或负值，即可使模型沿着相应的坐标轴正向或负向旋转。勾选 Snap Rotation 复选框，可以在视图中通过控制环让模型以 15°的幅度旋转。

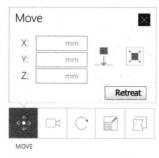

图 7-6　MOVE 工作界面

图 7-7　VIEW 工作界面

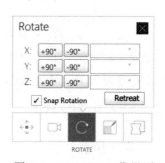

图 7-8　ROTATE 工作界面

（4）缩放。通过在图 7-9 所示的 X、Y、Z 三个文本框中输入固定的数值或百分比，可

---

① X、Y、Z 轴中的字母按规定应用斜体表示，但为了与软件界面保持一致，本书统一使用正体。

以控制模型在该轴向的缩放。勾选 Uniform Scaling 复选框,可以通过修改某个轴向的尺寸,实现模型的等比例缩放。勾选 Snap Scaling 复选框,可以在视图中通过控制柄让模型以 10% 的幅度缩放。

（5）镜像。如图 7-10 所示,单击 X、Y、Z 右侧的三个按钮,可以控制模型在 X、Y、Z 三个轴向的镜像变换。单击 Duplicate 按钮,可以快速复制该模型。

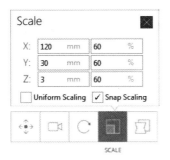

图 7-9  SCALE 工作界面

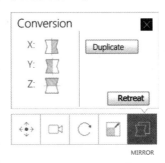

图 7-10  MIRROR 工作界面

## 7.1.4  设置打印参数

（1）选择打印材料（见图 7-11）。这里选择 mPLA。

（2）选择打印物体的层高（见图 7-12）。层高越低,物体表面越细腻,但耗时也越长。0.14mm 是一个较好的设置,能较好地平衡表面质量和打印时间。打印非常平缓的表面（接近水平）时,容易有明显的层纹,此时,设置为较小的层高,可以很好地改善这一点。

（3）SPEED 指的是打印速度（见图 7-13）,有 Slow、Normal 和 High 三个选项。其中,选择 Normal 选项可以确保较高的打印质量,打印质量和打印时间之间有很好的平衡。选择 High 选项可以获得较快的打印速度,但会牺牲一部分打印细节表现;选择 Slow 选项正好相反。

图 7-11  选择打印材料　　　图 7-12  选择打印物体的层高　　　图 7-13  选择打印速度

（4）选择填充形式（见图 7-14）。模型的内部被格子形状的结构填充,通过设置不同的填充形式,可以获得不同的强度和填充模式。共有七个填充选项：Full、Solid、Strong、Medium、Light、Empty、Vase,前五个选项从左到右填充率递减,Empty 和 Vase 都是零填充。若选择 Strong、Solid、Full 三个选项,则填充率、物体强度、打印时间和耗材用量均递增。若选择 Medium 选项,则打印速度和强度适中。若选择 Light 选项,则打印强度较低,适合作为外观展示及对强度要求不高的模型。在 Vase 模式下,默认只打印外壁和底面,不打印顶面;勾选 Spiralize 复选框,可以实现只打印外壁,不打印顶面和底面的效果。

（5）选择顶面、外壁层数（见图 7-15）。Shells 指的是物体外壁的层数,层数越多,模型越结实；Top 指的是物体顶面的层数；Bottom 指的是物体底面的层数。顶面层数少于 3 很可能影响模型顶面质量。

图 7-14　选择填充形式　　　　　　　　　　图 7-15　选择顶面、外壁层数

（6）单击  按钮（见图 7-16），软件将会按照设置将模型文件转换为打印文件，单击文件可以将其保存到 U 盘。单击右侧滑块拖动按钮则可显示层视图供预览。

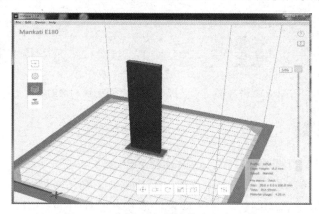

图 7-16　将模型文件转换为打印文件

## 7.1.5　打印模型

按机身背部的电源按钮启动设备，设备启动时间约为 15s。开机后液晶屏显示主菜单（见图 7-17），共有六个选项：Print（打印）、Material（材料）、Prepare（准备）、Utilities（实用工具）、Settings（设置）、Status（状态信息）。通过机身右侧竖直排列的三个按钮，可以分别对菜单执行"上/左""确定""下/右"操作。

Print 菜单（见图 7-18）有两个命令：Print from Internal Storage（可以选择打印机内置存储卡中的 mCode 文件打印）；Print from USB Flash Disk（使用该功能前，需要将存有 mCode 文件的 U 盘插入机身后部的 USB 接口，选择该命令，可以选择 U 盘内的 mCode 文件打印）。

图 7-17　主菜单

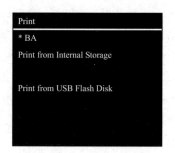

图 7-18　Print 菜单

## 7.1.6　打印后处理

### 1．移下打印物

将打印平台从机箱内取出，用铲刀将模型从孔板上铲出，并处理支承结构。从打印平台上铲出模型时，可参考图7-19，将打印平台的一侧倾斜着抵在橡胶底座上，压紧，防止滑动，再用铲刀沿着模型底部铲下去。

注意事项：

（1）在这一系列过程中，打印平台边缘仍然是烫的，铲模型时需要用到锋利的铲刀，所以，应戴上防护手套，防止手被烫伤，也防止被铲刀刮破；使用铲刀铲模型和处理支承结构及基底材料时会出现塑料屑飞溅现象，务必戴上护目镜操作。

（2）如果使用的是mABS或mPC，且打印模型体积较大，打印完成后，不要立即将模型从打印机机箱中取出，防止打印机机箱内外温差较大导致模型开裂。

### 2．后续处理

（1）打印完成后，务必用铲刀将孔板两面铲干净，以保持孔板两面平滑，无打印物残留在表面。

（2）清洁打印机机箱底部时，不要留有杂物，以防打印平台降到底部时，与杂物发生碰撞。

（3）如果Z轴（光轴）与滚珠丝杆上粘有耗材碎屑，应使用无纺布将其清理干净。

（4）铲除孔板表面粘住的耗材碎屑（见图7-20）。

图7-19　铲出模型　　　　　图7-20　铲除孔板表面粘住的耗材碎屑

# 任务7.2　综合练习

### 任务要求

1．完成模型的3D打印。

2．依据评价表对作品进行自评、互评。

### 任务准备

1．设备：3D打印机、台式计算机、U盘。

2．工具：铲刀、尖嘴钳、六角扳手、钢丝刷。

3．材料：1.75mm PLA（聚乳酸）一卷。

4．与本次授课内容相关的 PPT 课件及其他设备。

**任务实施**

1．在多媒体教室上课，指导教师在课堂上结合实物，通过 PPT 课件、视频等讲解本节课的学习目的、要求等；学生分组。

2．指导教师现场根据图样进行切片、3D 打印操作。

3．每组学生完成如图 7-21 所示的小葫芦模型的 3D 打印。

图 7-21　小葫芦模型

**任务评价**

学生依据评价表对完成的作品进行自评、互评，并将赋分填入表 7-1；指导教师对任务实施情况进行检查，并将赋分填入表 7-1。

表 7-1　小葫芦模型评价表

班级：_____　姓名：_____　序号：_____　互评学生姓名：_____　序号：_____

| 序号 | 考核项目 | 考核内容 | 配分 | 评分标准 | 自评 实测 | 自评 得分 | 互评 实测 | 互评 得分 | 教师评价 实测 | 教师评价 得分 |
|---|---|---|---|---|---|---|---|---|---|---|
| 1 | 模型切片 | 将模型文件转换为打印文件 | 15 | 模型切片超时扣 5 分 | | | | | | |
| 2 | 3D打印实物 | 打印作品完整，表面质量符合规定要求 | 15 | 作品残缺一处扣 5 分 | | | | | | |
| | | 模型后期处理完好，无支承结构残留 | 15 | 有支承结构残留扣 5 分 | | | | | | |
| 3 | 打印机操作 | 能校准打印平台和调整喷嘴高度 | 10 | 打印平台未校准或喷嘴高度调整不合适扣 5 分 | | | | | | |
| | | 熟练装载和加载耗材 | 10 | 不能熟练装载和加载耗材扣 5 分 | | | | | | |
| | | 能正确合理地调整模型的大小和位置 | 10 | 模型大小和位置不合理扣 5 分 | | | | | | |
| | | 能在规定时间内打印出模型 | 10 | 打印时间大于规定时间扣 5 分 | | | | | | |

续表

| 序号 | 考核项目 | 考核内容 | 配分 | 评分标准 | 自评 | | 互评 | | 教师评价 | |
|---|---|---|---|---|---|---|---|---|---|---|
| | | | | | 实测 | 得分 | 实测 | 得分 | 实测 | 得分 |
| 4 | 6S | 着装、卫生、工/量具摆放情况、安全、素养 | 15 | 1. 工装、帽子等防护用品穿戴不符合规范要求每次扣5分；<br>2. 实训期间串岗、打闹、玩手机或看无关书籍每次扣5分；<br>3. 违反设备操作规程每次扣5分；<br>4. 实训后不能保持场地、设备、工/量具等整齐有序每次扣5分 | | | | | | |
| 5 | | | 总分 | | | | | | | |

# 项目八　数控车床实习

**知识目标**

1. 熟悉数控车床 FANUC Oi Mate-TD 系统面板、操作面板。

2. 掌握数控车床系统面板、操作面板常用按键和按钮的功能。

3. 掌握数控车床对刀及首件试车操作的全部过程。

**能力目标**

1. 懂得 MDI 键盘和操作面板的操作。

2. 懂得工件装夹、刀具安装、工件测量。

3. 会使用 CK6140S 数控车床，根据图样和加工工艺车削小葫芦等零件。

**素质目标**

1. 培养学生分工协作、合作交流、分析和解决实际问题的能力。

2. 培养学生细心观察、反复实践、有理想、敢担当、能吃苦、肯奋斗的职业精神。

3. 学习大国工匠的先进事迹，培养学生严谨规范、爱岗敬业、执着专注、精益求精的工匠精神。

4. 培养学生正确的劳动观点、求实精神、质量和经济意识、安全意识。

## 任务 8.1　数控车床系统面板、操作面板和试切对刀

**任务要求**

1. 能比较熟练地操作数控车床系统 MDI（手动数据输入）键盘、操作面板。

2. 会进行程序的调用、修改、删除等操作。

3. 会进行试切对刀。

4. 能对数控车床进行回零、启动、关机等操作。

5. 懂得 G73 指令的运用方法。

**任务准备**

1. 设备：CK6140S 数控车床。

2. 刀具：75°车刀、切断刀。

3. 工具：卡盘钥匙、内六角扳手、刀架钥匙。

4. 材料：$\phi$30mm×200mm 铝合金棒。

5. 与本次授课内容相关的 PPT 课件及其他设备。

**任务实施**

1. 在多媒体教室上课，指导教师在课堂上结合实物，通过 PPT 课件、视频等讲解数控加工基本情况，以及本节课的学习目的、要求等；学生分组。

2. 指导教师现场讲解、演示系统面板、操作面板的操作。

3．学生在指导教师的指导下进行系统面板、操作面板的操作练习。

## 8.1.1　CK6140S 数控车床的主要技术参数

数控车床是一种高精度、高效率的自动化机床。只要配备多工位刀塔或动力刀塔，机床就具有广泛的加工工艺性能，可加工直线圆柱、斜线圆柱、圆弧和各种螺纹、槽、蜗杆等复杂工件，具有直线插补、圆弧插补等各种补偿功能，在复杂零件的批量生产中发挥良好的作用。

操作者在操作前必须对数控车床的基本操作有深刻了解。下面将以图 8-1 所示的 CK6140S 数控车床（所配数控系统为 FANUC Oi Mate-TD）为例详细介绍机床的操作。

图 8-1　CK6140S 数控车床

CK6140S 数控车床的主要技术参数如表 8-1 所示。

表 8-1　CK6140S 数控车床的主要技术参数

| 参　　数 | 值 |
| --- | --- |
| 床身上的最大回转直径 | $\phi360\text{mm}$（14″） |
| 刀架上的最大回转直径 | $\phi180\text{mm}$ |
| 最大工件长度 | 1000mm |
| 最大车削长度 | 950mm |
| 主轴通孔直径 | $\phi40\text{mm}$ |
| 主轴锥孔锥度 | MT.No.5 |
| 主轴转速范围 | 200～3500r/min（无级变速） |
| 纵向快速移动速度 | 10m/min |
| 横向快速移动速度 | 8m/min |
| 最小输入单位 | 0.001mm |
| 刀架工位数 | 4 |
| 车刀刀杆截面尺寸 | 20mm×20mm |
| 尾座套筒外径 | $\phi60\text{mm}$ |
| 尾座套筒内孔锥度 | MT.No.4 |
| 尾座套筒最大行程 | 120mm |
| 主电机功率 | 3.7kW |

## 8.1.2  数控车床系统面板

数控车床系统的外部数据输入/输出接口有 CF 卡插槽、RS-232 接口、USB 接口等，其相关配件如图 8-2 所示。

（a）CF 卡与 PC 相连配件　　　（b）CF 卡与机床相连配件　　　（c）RS-232 传输线（9 孔 25 针）

图 8-2　外部数据输入/输出接口相关配件

数控车床系统面板主要由显示屏和 MDI 键盘两部分组成，如图 8-3 和图 8-4 所示。其中，显示屏主要用于显示机床相关坐标值、数控程序、仿真图像、机床参数、数控诊断维修数据、报警信息等；MDI 键盘包括编程所需的字母/数字键，以及数控系统基本功能键等。

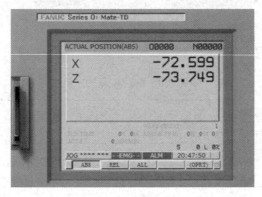

图 8-3　显示屏

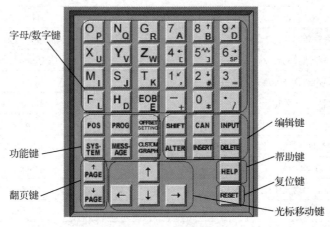

图 8-4　MDI 键盘

下面基于 MDI 键盘对数控系统的常见操作进行介绍。

### 1．字母/数字键

可使用字母/数字键输入字母、数字及其他字符，主要用于程序编写、数值修改等。

### 2．复位键

复位（RESET）键可使机床复位、消除报警等。

### 3．功能键

功能键用于切换各种功能显示界面。

（1）坐标位置（POS）键：在任何功能模式下按此键，屏幕均显示机床坐标界面（可出现绝对坐标界面、相对坐标界面、综合坐标界面）。可通过连续按坐标位置键或点击对应位置的按钮在这三个界面之间进行切换，如图8-5所示。

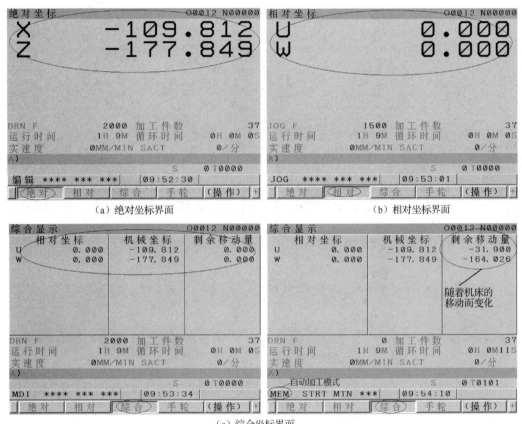

图8-5 坐标界面

（2）程序（PROG）键：连续按此键可在机床程序目录显示界面和程序详细内容显示界面之间相互切换。其中图8-6（a）中带有@的程序为当前程序，程序详细内容如图8-6（b）所示。

（3）刀偏/设定（OFFSET/SETTING）键：按此键可进入刀具偏置（如磨损、形状等）及工件坐标系设定等界面，如图8-7所示。

（4）系统（SYSTEM）键：按此键显示系统信息。

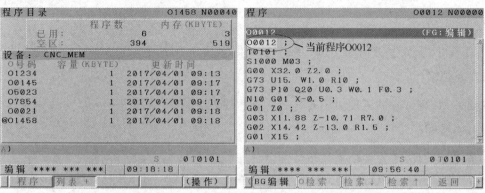

（a）程序目录显示界面　　　　　　　　　（b）程序详细内容显示界面

图 8-6　程序目录显示界面和程序详细内容显示界面

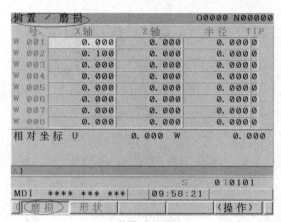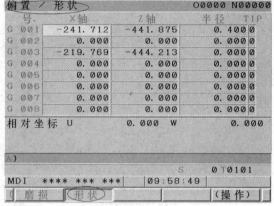

（a）偏置/磨损界面　　　　　　　　　　（b）偏置/形状界面

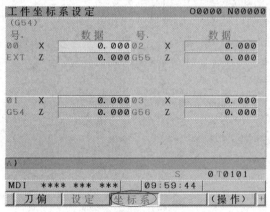

（c）工件坐标系设定界面

图 8-7　刀具偏置及工件坐标系设定界面

（5）报警信息（MESSAGE）键：按此键进入报警信息界面（加工时一旦有报警信息跳出，会自动跳转到该界面），如图 8-8 所示。点击"履历"按钮进入报警履历界面，显示系统在运行过程中生成的所有报警信息，如图 8-9 所示。

（6）图形显示（CUSTOM GRAPH）键：按此键进入刀具路径图轨迹显示界面，如图 8-10 所示。

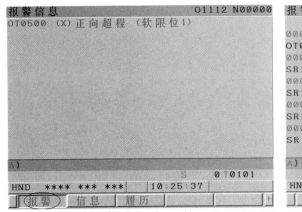

图 8-8　报警信息界面

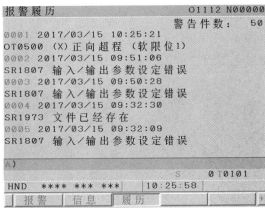

图 8-9　报警履历界面

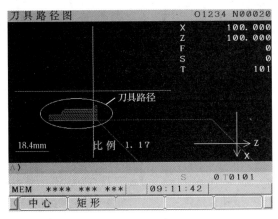

图 8-10　刀具路径图轨迹显示界面

刀具路径坐标方向可按机床系统参数 No.6510 设定，刀具路径图比例等可通过修改参数功能中的相关数值来设定。修改过程中，点击"参数"按钮，进入图形参数界面，如图 8-11 所示。

点击"图形"按钮，进入刀具路径图形显示界面，当机床执行自动运行程序操作时，该界面可显示经编程的刀具路径图形，如图 8-12 所示。

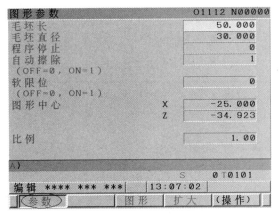

图 8-11　图形参数界面

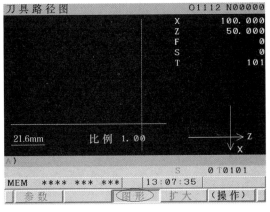

图 8-12　刀具路径图形显示界面

如需调整刀具路径图比例，可点击"扩大"按钮，进入刀具路径图比例调整界面，如图 8-13 所示。根据需要调整的图形点击"中心"或"矩形"按钮，再通过光标移动键进行移动即可，如图 8-14 所示。

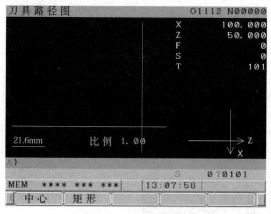

图 8-13　刀具路径图比例调整界面　　　　图 8-14　调整刀具路径图比例

根据此方法修改后，图形参数界面的数据也会自动调整；如果修调比例不合适，或者无法显示刀具路径图轨迹，则可点击"标准"按钮恢复至参数原始设定值，如图 8-15 和图 8-16 所示。

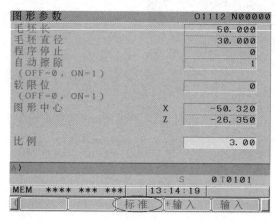

图 8-15　调整刀具路径图比例后的图形参数界面　　图 8-16　恢复参数原始设定值后的图形参数界面

### 4．编辑键

（1）切换（SHIFT）键：用于输入字母/数字键右下角的字符。例如，当需要输入字母 P 时，按 SHIFT 键，缓存区出现^字符，如图 8-17 所示，此时按 O/P 键，即可输入字母 P。该功能单次有效，如需继续使用则需重新按 SHIFT 键。

图 8-17　切换键的使用

（2）取消（CAN）键：在 MDI 或程序编辑模式下，按此键可删除已输入缓存区中的字符，每按一次 CAN 键就会消除一个字符，但无法操作文本区中的字符。例如，现已在缓存区输入 M300，按 CAN 键后，缓存区中的字符将变为 M30，如图 8-18 所示。

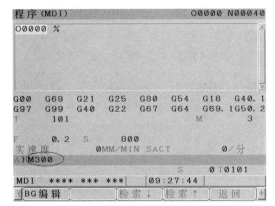

（a）在缓存区输入 M300

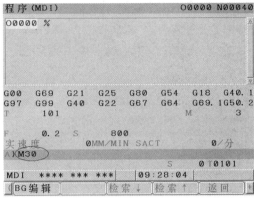

（b）用取消键删除一个 0

图 8-18　取消键的使用

（3）输入（INPUT）键：用于输入或修改数值，如输入刀具形状（或磨损）偏置值、参数设定值、坐标数据等。该键的使用如图 8-19 所示。

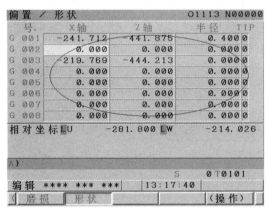

（a）刀具形状偏置值

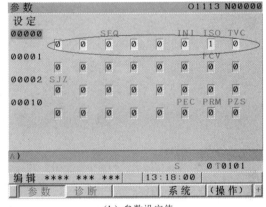

（b）参数设定值

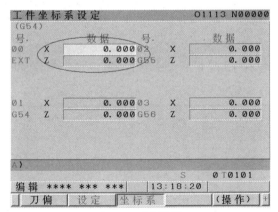

（c）G54 坐标数据

图 8-19　输入键的使用

（4）替换（ALTER）键：用于替换文本区中的字符。例如，若需要将文本区中的 S1000 修改成 S800，则可在程序编辑模式下通过此键进行操作。将光标移至 S1000 字符上，在缓存区输入 S800，按 ALTER 键，即可将文本区中的 S1000 替换为 S800，如图 8-20 所示。

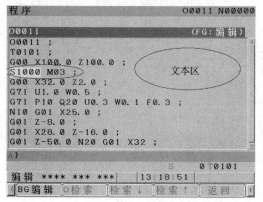

（c）字符被替换成功

图 8-20　替换键的使用

（5）插入（INSERT）键：用于将缓存区中的字符输入文本区。例如，若需要在光标后增加 M00;，则可在程序编辑模式下通过此键进行操作。在缓存区输入 M00;，按 INSERT 键，即可在下一段插入 M00;，如图 8-21 所示。

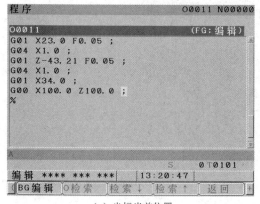
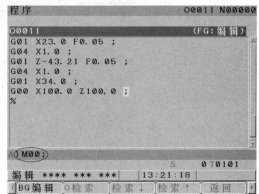

（a）光标当前位置　　　　　　　　　　　　　　（b）在缓存区输入 M00;

图 8-21　插入键的使用

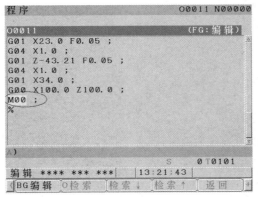

（c）成功插入字符

图 8-21　插入键的使用（续）

（6）删除（DELETE）键：用于将文本区中的字符删除（也可以删除程序）。例如，若需要删除字符 M30，则可在程序编辑模式下通过此键进行操作。将光标移至"M30"字符上，按 DELETE 键，即可将文本区中的 M30 删除，如图 8-22 所示。若需要删除某个程序（如 O0011），则可在程序编辑模式下，在缓存区输入 O0011，按 DELETE 键，点击"执行"按钮，即可将程序列表中的 O0011 程序删除，如图 8-23 所示。

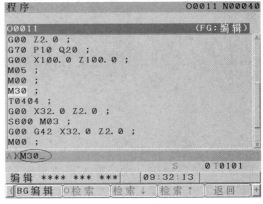

（a）将光标移至字符 M30 上　　　　　（b）在缓存区输入 M30

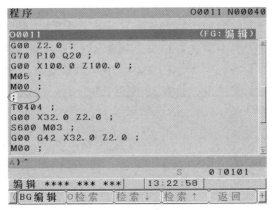

（c）字符 M30 被删除

图 8-22　删除键的使用（删除字符）

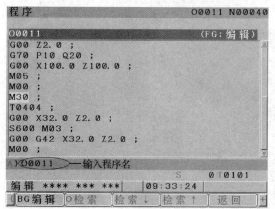

（a）输入需要删除的程序名

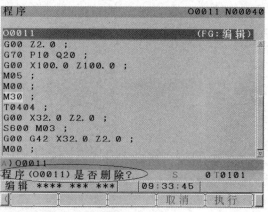

（b）询问是否删除程序

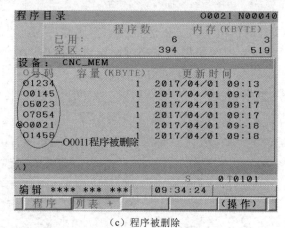

（c）程序被删除

图 8-23　删除键的使用（删除程序）

### 5．翻页键

（1）向上翻页键：用于文本区内容较多时，将文本区内容向前翻一页。

（2）向下翻页键：用于文本区内容较多时，将文本区内容向后翻一页。

### 6．光标移动键

（1）向左移动键：用于将当前光标在文本区中向左移动（退格）一格。

（2）向右移动键：用于将当前光标在文本区中向右移动（进格）一格。

（3）向上移动键：用于将当前光标在文本区中向上移动（退格）一格。

（4）向下移动键：用于将当前光标在文本区中向下移动（进格）一格。

### 7．帮助键

帮助（HELP）键用于帮助操作者了解该系统的操作说明、机床常规报警解决方法等，类似于一本简易的系统说明书，有较为详细的操作步骤说明。在任何功能模式下按帮助键都可跳转至系统帮助界面，如图 8-24 所示，可通过相应的操作按钮或光标配合"（操作）"按钮选择"报警详述""操作方法"或"参数表"选项。

（1）点击"报警"按钮进入报警详述功能界面，在缓存区输入需要查询的报警号（如SW100），点击"选择"按钮，系统帮助界面将跳转至该报警的详细信息界面，显示简易的报警原因和建议解决方法，如图8-25所示。

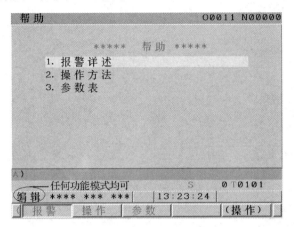

图8-24 系统帮助界面

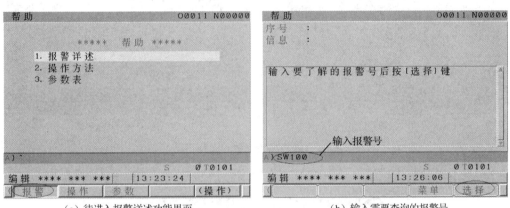

（a）待进入报警详述功能界面　　　　　　（b）输入需要查询的报警号

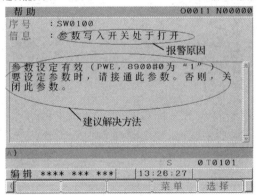

（c）报警的详细信息界面

图8-25 帮助键的使用（报警详述）

（2）点击"操作"按钮进入相应的操作方法帮助界面。将光标移至所需了解内容的序号上，点击"（操作）"按钮，在打开的操作界面点击"选择"按钮即可查询较为详细的操作方法，如图8-26所示。

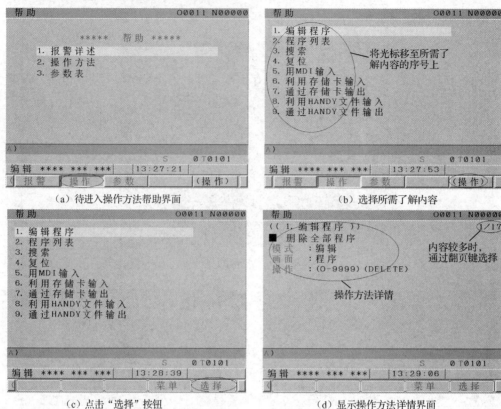

（a）待进入操作方法帮助界面　　　　　　　（b）选择所需了解内容

（c）点击"选择"按钮　　　　　　　　　（d）显示操作方法详情界面

图 8-26　帮助键的使用（操作方法）

（3）点击"参数"按钮，进入参数列表查询和帮助界面，如图 8-27 所示。

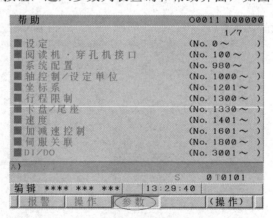

图 8-27　帮助键的使用（参数表）

## 8.1.3　数控车床操作面板

虽然不同厂家所设计的操作面板布局有所差异，但面板上的图标及英文字符具有统一性。机床厂家考虑到经济成本，一般不会针对某台机床而特别设计一个面板，而是同一类型的机床都用一个模板的面板，因此会造成一些按钮无实际操作功能的情况。通常情况下，操作面板主要由系统电源按钮、急停按钮、主轴控制按钮、机床指示灯、模式选择按钮等组成。下面将结合 CK6140S 数控车床对操作面板各组成部分及其操作方法进行讲解，如图 8-28 所示。

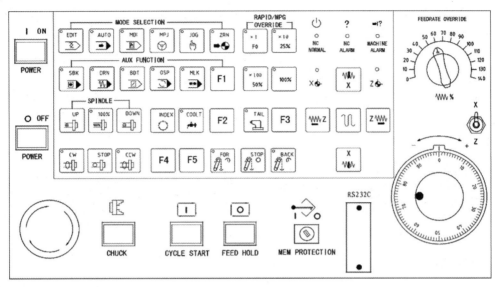

图 8-28　CK6140S 数控车床操作面板

### 1．系统电源按钮

系统电源按钮如图 8-29 所示，其中，ON 为系统电源开启按钮，按此按钮，系统电源被打开；OFF 为系统电源关闭按钮，按此按钮，系统电源被切断。

### 2．急停按钮

在任何时刻（含机床在切削过程中）按此按钮，机床所有运动全部立即停止。一般在发生刀具碰撞等紧急突发状况时应第一时间按此按钮，停止机床的所有运动。需释放急停功能时，沿旋转按钮上标示的箭头方向旋转一定角度，即可受按钮内弹簧力的作用自动释放。急停按钮如图 8-30 所示。

图 8-29　系统电源按钮

图 8-30　急停按钮

### 3．主轴控制按钮

机床的主轴有正转、反转、停止三个工作状态，不仅可以通过数控程序控制，在手摇脉冲进给和手动进给模式下，也可以通过主轴手动控制按钮对其进行控制（主轴转速以最近一次机床转速为依据）。主轴手动控制按钮如图 8-31 所示。

（1）主轴手动正转（CW）按钮。在手摇脉冲进给和手动进给模式下，按此按钮，主轴转速以最近一次机床转速为依据，控制主轴顺时针旋转，即主轴正转。

（2）主轴手动反转（CCW）按钮。在手摇脉冲进给和手动进给模式下，按此按钮，主轴转速以最近一次机床转速为依据，控制主轴逆时针旋转，即主轴反转。

（3）主轴手动停止（STOP）按钮。在手摇脉冲进给和手动进给模式下，按此按钮，主轴停止转动。

在手摇脉冲进给和手动进给模式下，机床主轴转速可以通过主轴转速修调按钮（见图 8-32）进行调整。修调的主轴转速的上限为转速的 120%，下限为转速的 50%。按 100% 主轴转速修调按钮调整为实际转速。

图 8-31　主轴手动控制按钮　　　　　图 8-32　主轴转速修调按钮

### 4. 机床指示灯

为了帮助操作者更加直观地判断机床的运行状态，厂家会在操作面板上设置一些指示灯，如图 8-33 所示。

### 5. 模式选择按钮

机床一般有程序编辑（EDIT）功能、自动加工（AUTO）功能、手动数据输入（MDI）功能、手摇脉冲进给（MPJ）功能、手动进给（JOG）功能、回零（ZRN）功能等，将操作面板上的这类功能按钮统称为模式选择（MODE SELECTION）按钮，如图 8-34 所示。

图 8-33　机床指示灯　　　　　　图 8-34　模式选择按钮

1）EDIT 按钮

按此按钮，系统进入程序编辑模式，可实现新建程序、检索程序、修改程序指令、删除程序指令等功能。下面对其中部分功能的操作进行简单描述。

（1）新建程序的操作步骤（确认程序保护钥匙处于"OFF"位置）如下。

① 按操作面板上的 EDIT 按钮。

② 按 MDI 键盘上的 PROG 键，此时显示屏上显示程序目录或单个程序的运行状态，如图 8-35 所示。

③ 在缓存区输入程序名 O1234，如图 8-36 所示。

**注意**：FANUC 程序名必须由 O+4 位数字组成（数字不足 4 位时应在数字前以 0 补足），如 O1234（系统中若已有 O1234 程序名，则出现"指定的程序已存在"报警信息，如图 8-37 所示）。

④ 按 MDI 键盘上的 INSERT 键，新程序名被插入，如图 8-38 所示。

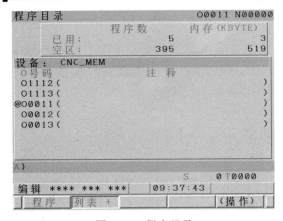

图 8-35  程序目录

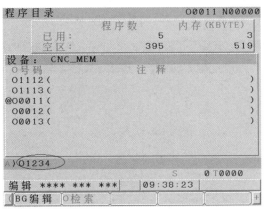

图 8-36  在缓存区输入程序名

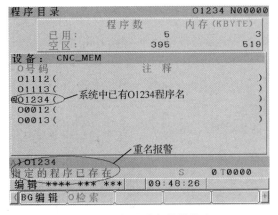

图 8-37  出现重名报警信息

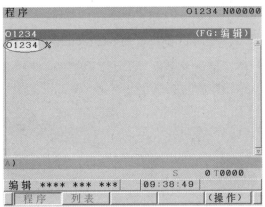

图 8-38  插入新程序名

⑤ 在缓存区输入程序段结束符（;），如图 8-39 所示。

⑥ 按 MDI 键盘上的 INSERT 键，程序段结束符（;）被插入，如图 8-40 所示。

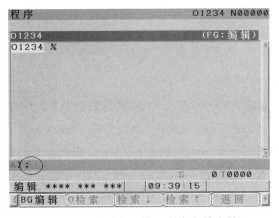

图 8-39  在缓存区输入程序段结束符

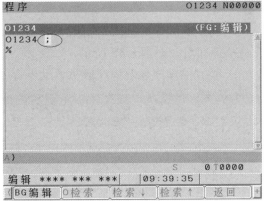

图 8-40  插入程序段结束符

（2）输入程序指令的操作步骤如下。

① 建立有效的程序名。

② 在缓存区输入需要的程序段，可一次输入一个完整的程序段，如图 8-41 所示；也

可一次输入多个程序段，如图8-42所示。

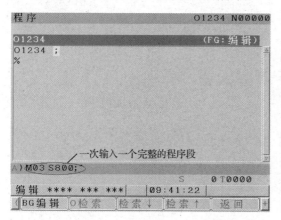

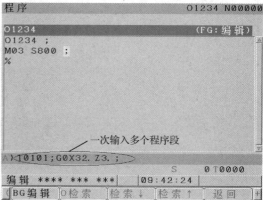

图8-41　在缓存区一次输入一个完整的程序段　　　图8-42　在缓存区一次输入多个程序段

③ 按 MDI 键盘上的 INSERT 键，一个或多个程序段将被插入，如图8-43 所示。

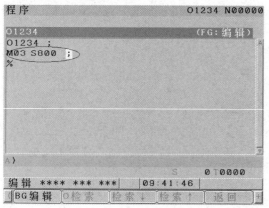

（a）一个程序段被插入

（b）多个程序段被同时插入

图8-43　程序段被插入

④ 将所有程序段插入，如图8-44 所示。如需将光标移至程序首段，按 MDI 键盘上的RESET 键即可，如图8-45 所示。

⑤ 建立的程序名及程序段被自动保存，可在程序目录中查看。

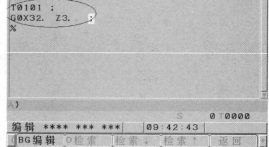

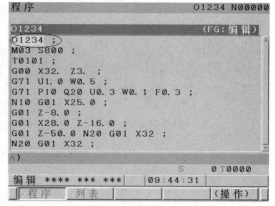

图8-44　将所有程序段插入　　　　　　图8-45　将光标移至程序首段

（3）检索系统已有程序并打开的操作步骤如下。

① 按操作面板上的 EDIT 按钮。

② 按 MDI 键盘上的 PROG 键，此时显示屏上显示程序目录或单个程序的运行状态。

③ 在缓存区输入需要被检索的程序名，以 O1234 为例，如图 8-46 所示。

④ 按 MDI 键盘上的向下移动键，或者点击"O 检索"按钮，如图 8-47 所示。

⑤ 检索完成，被检索的程序被打开，如图 8-48 所示。如果系统中没有被检索的程序名，则系统将出现"未指定程序名"报警信息，如图 8-49 所示。

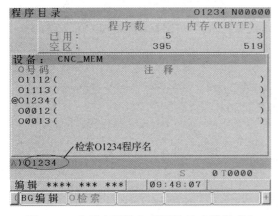

图 8-46　在缓存区输入需要被检索的程序名

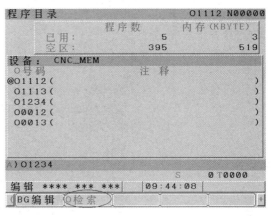

图 8-47　点击"O 检索"按钮

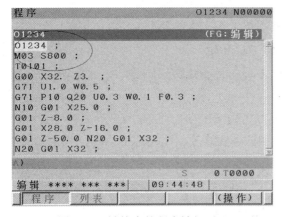

图 8-48　被检索的程序被打开

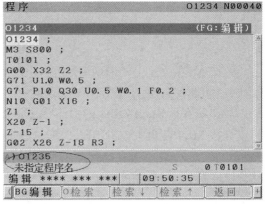

图 8-49　未检索到程序名的报警信息

（4）利用 ALTER 键进行程序指令修改的操作步骤如下。

① 根据检索程序的方法，调出需要修改的程序。

② 将光标移至需要修改的程序指令上，如图 8-50 所示。

③ 在缓存区输入待修改的程序指令，如图 8-51 所示。

④ 按 MDI 键盘上的 ALTER 键，程序指令被修改成功，如图 8-52 所示。

（5）利用 DELETE 键进行程序指令修改的操作步骤如下。

① 根据检索程序的方法，调出需要修改的程序。

② 将光标移至需要修改的程序指令上。

机械加工技术基础实训指导书

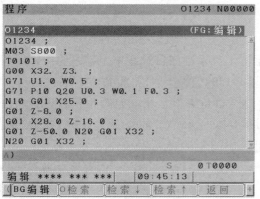

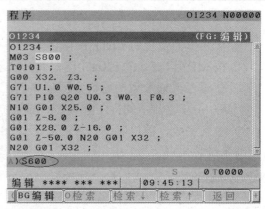

图 8-50　将光标移至需要修改的程序指令上　　　　图 8-51　在缓存区输入待修改的程序指令

图 8-52　程序指令被修改成功

③ 按 MDI 键盘上的 DELETE 键，被光标点选的程序指令被删除，同时将光标向前移动一格，如图 8-53 所示。

④ 在缓存区输入待修改的程序指令，如图 8-54 所示。

⑤ 按 MDI 键盘上的 INSERT 键，完成程序指令的修改，如图 8-55 所示。

图 8-53　需要修改的程序指令被删除　　　　图 8-54　在缓存区输入待修改的程序指令

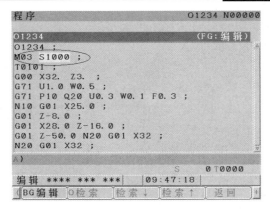

图 8-55　完成程序指令的修改

（6）删除整个程序的操作步骤如下。

① 按操作面板上的 EDIT 按钮。

② 按 MDI 键盘上的 PROG 键，此时显示屏上显示程序目录或单个程序的运行状态。

③ 在缓存区输入需要被删除的程序名，以程序 O1234 为例，如图 8-56 所示。

④ 按 MDI 键盘上的 DELETE 键，系统出现"程序 O1234 是否删除?"确认信息，此时需要操作者确认，如图 8-57 所示。

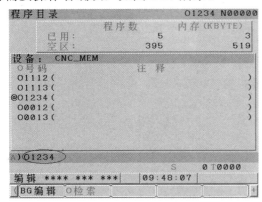

图 8-56　在缓存区输入需要被删除的程序名

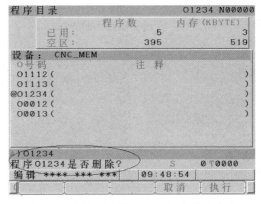

图 8-57　是否删除 O1234 程序确认信息

⑤ 点击"执行"按钮，程序 O1234 被删除，如图 8-58 所示。

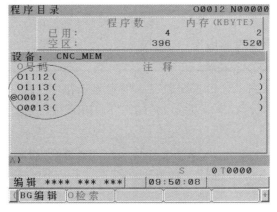

图 8-58　程序 O1234 被删除

（7）删除所有程序的操作步骤如下。

① 按操作面板上的 EDIT 按钮。

② 按 MDI 键盘上的 PROG 键，此时显示屏上显示程序目录或单个程序的运行状态。

③ 在缓存区输入 O-9999，如图 8-59 所示。

④ 按 MDI 键盘上的 DELETE 键，系统出现"程序是否全部删除？"确认信息，此时需要操作者确认，如图 8-60 所示。

⑤ 点击"执行"按钮，所有程序被删除，如图 8-61 所示。

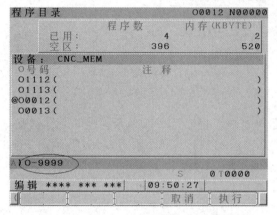

图 8-59　在缓存区输入 O-9999

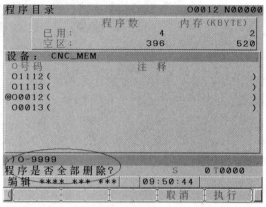

图 8-60　是否删除所有程序确认信息

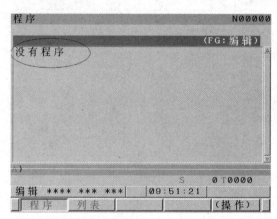

图 8-61　所有程序被删除

（8）复制与粘贴程序内容的操作步骤如下。

① 按操作面板上的 EDIT 按钮。

② 按 MDI 键盘上的 PROG 键，此时显示屏上显示程序目录或单个程序的运行状态。

③ 在缓存区输入已有程序名（如 O0001），并打开程序，将光标移至 M03 程序段上，如图 8-62 所示。

④ 点击"扩展"按钮，进入程序选择界面，如图 8-63 所示。

⑤ 点击"选择"按钮，并选择需要复制的程序内容，选中后的内容显示为黄色，如图 8-64 所示。

⑥ 点击"复制"按钮，所选程序内容被复制到系统缓存中，光标自动移至选中程序内

容的最后，如图 8-65 所示。

⑦ 点击"粘贴"按钮，进入程序粘贴选择界面，如图 8-66 所示。

⑧ 点击"BUF 执行"按钮，则可在光标后粘贴已复制的内容，如图 8-67 所示。

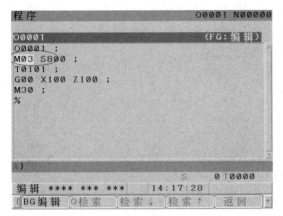

图 8-62　打开已有程序

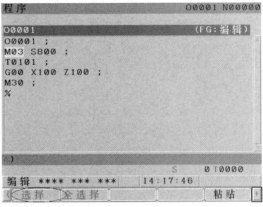

图 8-63　进入程序选择界面

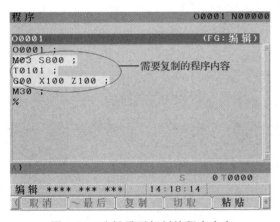

图 8-64　选择需要复制的程序内容

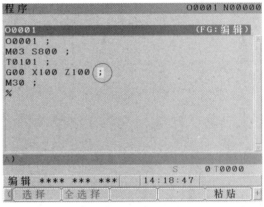

图 8-65　程序内容被复制完成

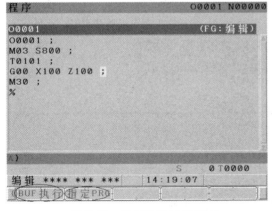

图 8-66　程序粘贴选择界面

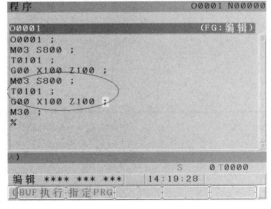

图 8-67　程序内容被粘贴成功

（9）粘贴已有程序整个程序段的操作步骤如下。

① 按操作面板上的 EDIT 按钮。

② 按 MDI 键盘上的 PROG 键，此时显示屏上显示程序目录或单个程序的运行状态。查看已有程序，如 O1111，如图 8-68 所示。

③ 重新建立一个程序，如 O0011，如图 8-69 所示。

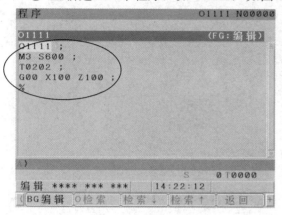

图 8-68　查看已有程序

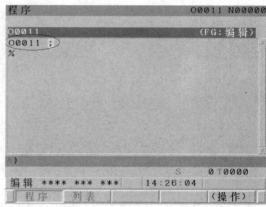

图 8-69　重新建立一个程序

④ 点击"扩展"按钮，进入程序选择界面，如图 8-70 所示。

⑤ 点击"粘贴"按钮，进入粘贴选择界面，如图 8-71 所示。

⑥ 点击"指定 PRG"按钮，指定程序名中的程序内容全部被粘贴成功，如图 8-72 所示。

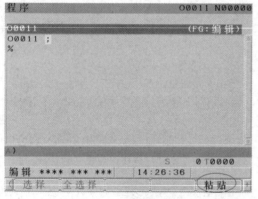

图 8-70　程序选择界面

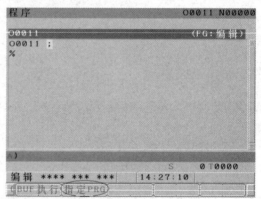

图 8-71　粘贴选择界面

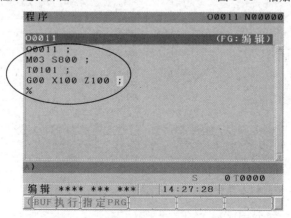

图 8-72　程序内容全部被粘贴成功

（10）在程序段中搜索字符的操作步骤如下。为修改或查看一个程序中某个特定的字符，系统提供了字符自动搜索的方法，可进行快速检索，这样不但能节省时间，也能避免发生漏检的情况。下面以检索程序中所有的 Z 字符为例对这种方法进行介绍。

① 按操作面板上的 EDIT 按钮。

② 按 MDI 键盘上的 PROG 键，此时显示屏上显示程序目录或单个程序的运行状态。查看已有程序，如 O6001，如图 8-73 所示。

③ 点击"（操作）"按钮，进入程序操作界面，在缓存区输入字符 Z，如图 8-74 所示。

④ 点击"O 检索"按钮即可实现对该程序段中字符 Z 的检索，如图 8-75 所示。

⑤ 检索至程序尾部后，缓存区显示"未找到字符"提示信息，至此，该程序段中所有的字符 Z 检索完成，如图 8-76 所示。

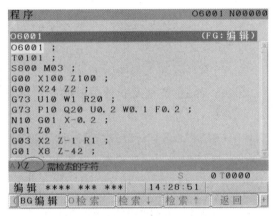

图 8-73　查看已有程序　　　　　　图 8-74　输入需检索的字符 Z

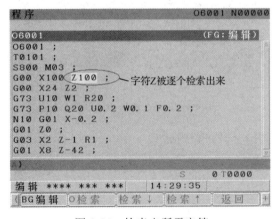

图 8-75　检索出所需字符

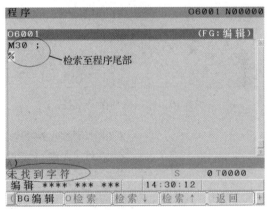

图 8-76　检索完成

（11）替换程序段中的字符的操作步骤如下。

① 按操作面板上的 EDIT 按钮。

② 按 MDI 键盘上的 PROG 键，此时显示屏上显示程序目录或单个程序的运行状态。查看已有程序，如 O6001，如图 8-77 所示。

③ 点击"（操作）"按钮，进入程序操作界面，连续点击两次"扩展"按钮，进入程序字符替换界面，如图 8-78 所示。

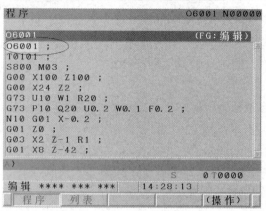

图 8-77　查看已有程序

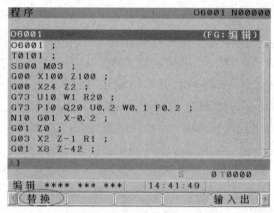

图 8-78　程序字符替换界面

④ 点击"替换"按钮，在缓存区输入需替换的字符 Z100，并点击"替换前"按钮，如图 8-79 所示。

⑤ 在缓存区输入替换后的字符 Z50，并点击"替换后"按钮，如图 8-80 所示。

⑥ 系统显示替换前和替换后的字符信息，如图 8-81 所示。点击"全执行"按钮即完成字符替换。

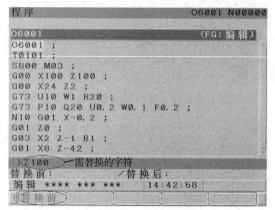

图 8-79　输入需替换的字符

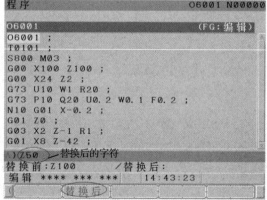

图 8-80　输入替换后的字符

图 8-81　显示替换前和替换后的字符信息

（12）对于已编辑完成并通过仿真模拟的程序，在 AUTO 模式下对其进行实体验证，并调试出合格产品，具体操作步骤如下。

① 按操作面板上的 EDIT 按钮。

② 按 MDI 键盘上的 PROG 键，此时显示屏上显示程序目录或单个程序的运行状态。查看已有程序，如 O6001。

③ 将光标移至程序首段，按操作面板上的 AUTO 按钮，进入待加工状态，如图 8-82 所示。

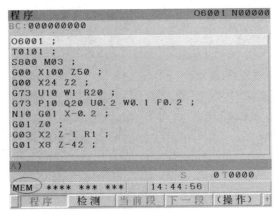

图 8-82 待加工状态

④ 点击"检测"按钮，界面显示程序的运行情况、坐标位置数据及切削速度等，可以显示绝对坐标检测信息，也可以显示相对坐标检测信息，如图 8-83 和图 8-84 所示。

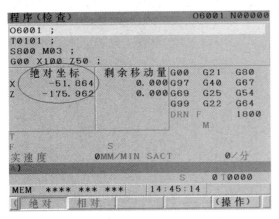

图 8-83 绝对坐标检测信息

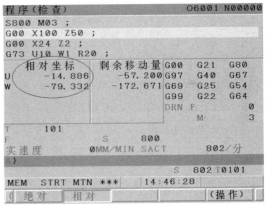

图 8-84 相对坐标检测信息

（13）机床自动运行过程中，在确保安全的前提下，为了提高工作效率，可以利用机床的后台编辑功能在机床加工的同时编写新程序，具体操作步骤如下。

① 点击"（操作）"按钮，如图 8-85 所示。

② 进入程序操作界面。点击"BG 编辑"按钮，进入后台编辑模式。点击"编辑"按钮，准备编写新程序，如图 8-86 所示。

③ 点击"程序"按钮，进入编写新程序界面。在缓存区输入新程序名，如 O1234，如图 8-87 所示。

④ 根据编写程序的步骤开始编写程序，如图 8-88 所示。

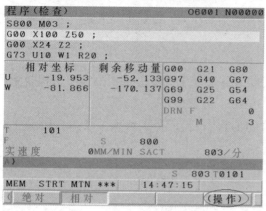

图 8-85　点击"（操作）"按钮

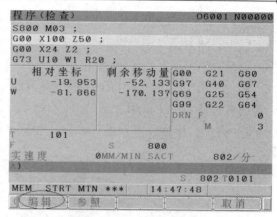

图 8-86　点击"编辑"按钮

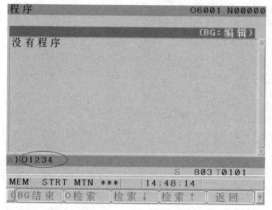

图 8-87　输入新程序名

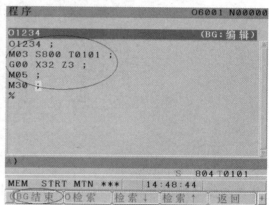

图 8-88　后台编写程序内容

⑤ 点击"BG 结束"按钮，后台编写程序完成。

⑥ 退出后台编辑模式，目录中已将新编写的程序保存。

2）AUTO 按钮

按 AUTO 按钮，机床按照程序自动加工，无须人工干预。

3）MDI 按钮

按 MDI 按钮，进入 MDI 模式，配合 MDI 键盘上的 PROG 键可进行程序的编写与运行。

4）MPJ 按钮

数控车床 X 轴、Z 轴的移动不仅可以依靠数控程序控制，还可以在 MPJ 模式下依靠手摇轮控制。MPJ 功能需要将手摇脉冲发生器、X/Z 轴拨挡开关、倍率控制按钮配合使用，如图 8-89 所示。

首先将 X/Z 轴拨挡开关拨至相应轴挡上，按合适的倍率控制按钮，旋转手摇脉冲发生器的一个刻度时，机床对应的轴便移动相应的距离。X/Z 轴移动的方向由手摇脉冲发生器的旋转方向［顺时针（正方向）或逆时针（负方向）］决定。倍率控制按钮上的 X1 表示旋转手摇脉冲发生器一个刻度时的移动量为 0.001mm，一般在微量调整时使用；X10 表示旋转手摇脉冲发生器一个刻度时的移动量为 0.01mm，一般在较慢速移动或切削时使用；X100 表示旋转手摇脉冲发生器一个刻度时的移动量为 0.1mm，一般在较快速移动时使用；100% 表示旋转手摇脉冲发生器一个刻度时的移动量为 1mm，一般在快速移动时使用。

（a）手摇脉冲发生器及 X/Z 轴拨挡开关

（b）倍率控制按钮

图 8-89 MPJ 按钮

5）JOG 按钮

数控车床 X 轴、Z 轴的移动不仅可以依靠数控程序控制，还可以在 JOG 模式下依靠 X 轴、Z 轴方向键［见图 8-90（a）］控制。其移动速度与进给修调倍率拨挡开关［见图 8-90（b）］的位置有关系，并按机床系统参数 No.1423 设定，设定值通常为 2500mm/min，按设定的手动进给速度×进给修调倍率的百分比执行。在 JOG 模式下按 X 轴、Z 轴方向键，同时按住快速移动键［见图 8-90（c）］，移动速度按机床系统参数 No.1424 设定，设定值通常为 3500mm/min，按设定的快速进给速度×进给修调倍率的百分比执行。

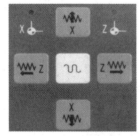

（a）X轴、Z轴方向键

（b）进给修调倍率拨挡开关

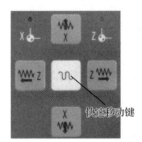

快速移动键

（c）快速移动键

图 8-90 JOG 按钮

6）ZRN 按钮

在按 ZRN 按钮的同时按 X 轴、Z 轴的正方向键，机床执行回零（回参考点）功能。在机床开机时是否需要进行回零操作应根据其所配的编码器决定，如果配置的是绝对编码器则不需要进行回零操作；如果配置的是相对编码器则必须进行回零操作，否则机床的坐标数据将会混乱，导致切削路径不准确，甚至发生撞刀等事故。特别需要注意的是，如果该机床配置的是绝对编码器，则在使用过机床锁定功能后必须对机床系统进行重启；如果该机床配置的是相对编码器，则在使用过机床锁定功能后必须进行机床回零操作。

6．程序运行控制功能开关

（1）单段程序控制（SBK）按钮。在 AUTO 或 MDI 模式下执行程序时，如果按此按钮，则可实现程序段的单段程序控制功能，即每按一次循环启动（CYCLE START）按钮，系统就执行一个程序段，运行完当前程序段后，循环启动按钮运行指示灯显示为红色。只有再次按循环启动按钮后系统才会执行下一个程序段。在程序运行过程中可按 SBK 按钮，使单段程序控制功能生效或失效。在自动加工时按进给保持（FEED HOLD）按钮，系统进入进给暂停状态；再次按此按钮，系统退出进给暂停状态，恢复自动进给。循环启动按钮和进给保持按钮如图 8-91 所示。

图 8-91　循环启动按钮和进给保持按钮

（2）选择性暂停（OSP）按钮。程序中有 M01 指令时，在 AUTO 或 MDI 模式下，如果在执行 M01 代码前按此按钮，则系统执行到 M01 程序段时，程序将暂停；如果执行 M01 程序段时未按此按钮，则程序不暂停，而是继续执行下一个程序段。

一般在生产过程中，首件需要暂停调试。批量生产无须调试时，可用此按钮控制执行程序段时是否暂停。

（3）程序空运行（DRN）按钮。在 AUTO 或 MDI 模式下执行程序时，如果按此按钮，则程序中的进给速度无效（按机床系统参数 No.1410 设定，设定值通常为 2500mm/min。此速度太快，无法用于加工）。一般在机床运动轴锁定状态下，可用此按钮来校验数控程序是否正确，以及提高仿真模拟速度。在切削零件时用此按钮要特别小心（只有在空切削时方能使用此按钮），否则会发生撞刀等事故。

（4）程序跳段（BDT）按钮。在 AUTO 或 MDI 模式下执行程序时，如果按此按钮，则程序在运行时不执行带有跳段符"/"标记的程序段，如图 8-92 所示。当该功能被关闭时，系统执行所有程序段。一般在一个程序既要用于调整又要用于批量生产时，按此按钮可将部分程序段加上"/"标记。

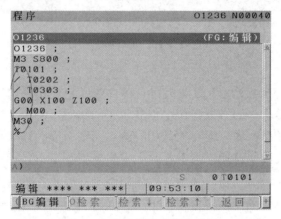

图 8-92　程序跳段功能的使用

（5）机床坐标锁定（MLK）按钮。按此按钮后，机床的运动轴会被锁住（主轴旋转不受限），采用手动或程序执行的方法都无法移动，但系统坐标可以随着指令变动，一般在程序仿真模拟时使用。使用过该功能后需使机床断电重启或回零，使系统坐标值与机床实际位置坐标值相统一，否则可能发生撞机事故。

### 7. 辅助功能按钮

（1）照明按钮。按此按钮可打开或关闭机床内的辅助照明灯。

（2）手动冷却按钮。按此按钮可打开或关闭冷却泵。

（3）手动排屑按钮。按此按钮可打开或关闭机床排屑器。

（4）刀架旋转按钮。在 MPJ 或 JOG 模式下，按此按钮，刀架可旋转一个工位。

（5）手动卡盘收紧按钮。按此按钮可控制液压卡盘收紧、夹紧或松开工件。夹紧力可通过液压力进行调整。

（6）带定义按钮。机床上一般都会预留一些此类按钮用于用户的升级和开发。

## 8.1.4　试切对刀

对刀的目的是建立工件坐标系（加工原点），找出机床坐标系（机床原点）与工件坐标系之间的距离，并将该距离存储到系统刀具偏置存储器中。

### 1．Z 方向对刀

（1）在安全位置选择对刀的刀具。

（2）按操作面板上的 MPJ 按钮。

（3）按操作面板上的 CW 按钮，主轴正转。

（4）用手摇轮将刀具移到工件附近，然后将手摇轮倍率调到低速挡，用刀具试切端面→沿 X 方向退出→按 MDI 键盘上的 OFFSET/SETTING 键→将光标移到刀号处→在缓冲区输入 Z0→按"补正"键→测量。

### 2．X 方向对刀

（1）车外圆→沿 Z 方向退出→按操作面板上的 STOP 键，主轴停止旋转。

（2）测量外圆→在缓冲区输入 X+外圆测量值→按"补正"键→测量。

## 8.1.5　封闭切削复合循环指令 G73

### 1．G73 的格式

G73 的格式如下。

G73 U（ΔI）　W（ΔK）　R（D）；
G73 P（NS）　Q（NF）　U（ΔU）　W（ΔW）　F（F）；

### 2．G73 各参数的含义及图示讲解

（1）各参数[①]表示的含义如下。

① ΔI：X 轴粗车退刀的距离及方向（单位：mm，半径值，有符号），即粗车时，X 轴方向需要切除的总余量。

② ΔK：Z 轴粗车退刀的距离及方向（单位：mm，有符号），即粗车时，Z 轴方向需要切除的总余量。

③ D：切削的次数（单位：次）。

④ NS：精车轨迹的第一个程序段的程序段号。

⑤ NF：精车轨迹的最后一个程序段的程序段号。

---

① 此处参数正斜体与指令一致，用正体。

⑥ ΔU：X 轴的精加工余量（单位：mm，直径值，有符号），即最后一次粗车轨迹相对于精车轨迹的 X 轴坐标偏移。

⑦ ΔW：Z 轴的精加工余量（单位：mm，有符号），即最后一次粗车轨迹相对于精车轨迹的 Z 轴坐标偏移。

⑧ F：切削进给速度（单位：mm/min）。

（2）G73 走刀轨迹如图 8-93 所示，参数对走刀轨迹的影响如图 8-94 所示。

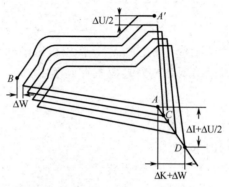

图 8-93　G73 走刀轨迹

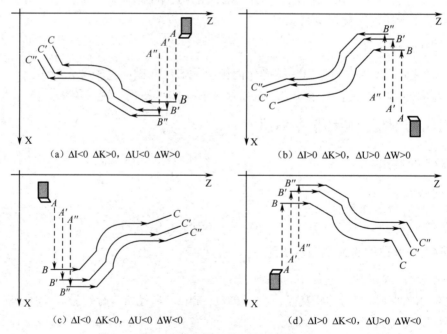

（a）ΔI<0 ΔK>0，ΔU<0 ΔW>0

（b）ΔI>0 ΔK>0，ΔU>0 ΔW>0

（c）ΔI<0 ΔK<0，ΔU<0 ΔW<0

（d）ΔI>0 ΔK<0，ΔU>0 ΔW<0

图 8-94　参数对走刀轨迹的影响

归纳总结：余量在正方向为正值，余量在负方向为负值。

### 3. G71 与 G73 的加工特点

（1）G71 的加工特点：G71 从小到大，只能单纯增大或单纯减小，加工时按照给定进给量从大加工到小，最后一刀走工件轮廓，如图 8-95 所示。

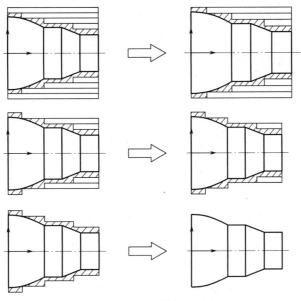

图 8-95　G71 的加工过程

（2）G73 的加工特点：在车削过程中的每刀都在走工件轮廓，按同一轨迹重复切削，如图 8-96 所示。

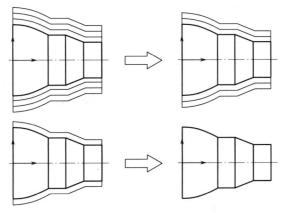

图 8-96　G73 的加工过程

## 4．举例讲解 G73 的编程方法

某圆弧轴图样如图 8-97 所示。

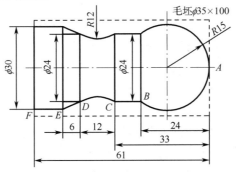

图 8-97　圆弧轴图样

根据图 8-97 所示，编写加工程序如下。

```
O0001
M03 S800;
T0101;
G00 G42 X37 Z2;
G73 16 W0 R16;
G73 P10 Q20 U0.5 W0 F0.2;
N10 G00 X0;
G01 Z0;
G03 X24 Z-24 R15;
G01 Z-33;
G02 X24 Z-45 R12;
G01 X30 Z51;
Z-61;
N20 G00 X37;
Z100;
M05;
M00;
M03 S1000;
T0101;
G00 X37 Z2;
G70 P10 Q20 F0.05;
G00 G40 X50;
Z100;
M30;
```

# 任务 8.2　综合练习

### 任务要求

1．小组讨论并根据零件图样制定加工步骤。

2．根据已制定的加工步骤编写加工程序。

3．运用合适的刀具及编写好的程序完成小葫芦的加工。

4．依据评价表对作品进行自评、互评。

### 任务准备

1．设备：CK6140S 数控车床、活络顶尖。

2．刀具：93°外圆车刀。

3．工具：一字螺钉旋具、卡盘钥匙、加力杆、刀架钥匙、垫片、棉纱等。

4．量具：游标卡尺、0～25mm 千分尺。

5．材料：$\phi$30mm×200mm 铝合金棒。

6．与本次授课内容相关的课件及其他设备。

### 任务实施

1．在多媒体教室上课，指导教师在课堂上结合相关实物、图样，通过 PPT 课件、视频等讲解本节课的学习目的、要求等；学生分组。

2．每组学生根据图样讨论加工步骤及程序编写方法，并进行记录。

3．每组学生在现场将编写好的程序输入数控车床系统，并完成图样加工。

4．加工完成，学生整理工/量具，清理设备和场地。

5．每组学生根据如图 8-98 所示的制作图样完成小葫芦的加工。

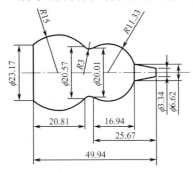

图 8-98　小葫芦的制作图样

**任务评价**

学生依据评价表对完成的作品进行自评、互评，并将赋分填入表 8-2；指导教师对任务实施情况进行检查，并将赋分填入表 8-2。

表 8-2　小葫芦加工评价表

班级：_____　姓名：_____　序号：_____　互评学生姓名：_____　序号：_____

| 序号 | 考核项目 | 考核内容 | 配分 | 评分标准 | 自评 | | 互评 | | 教师评价 | |
|---|---|---|---|---|---|---|---|---|---|---|
| | | | | | 实测 | 得分 | 实测 | 得分 | 实测 | 得分 |
| 1 | 外观形状 | $\phi20.01$mm | 10 | 每超差 0.03mm 扣 5 分 | | | | | | |
| 2 | | 49.94mm | 10 | 每超差 0.1mm 扣 5 分 | | | | | | |
| 3 | | $R15$mm、$R11.33$mm 圆弧 | 20 | 各圆弧半径与样板间隙每超差 0.1mm 扣 5 分 | | | | | | |
| | | $\phi6.62$mm | 10 | 每超差 0.03mm 扣 5 分 | | | | | | |
| 4 | | 表面粗糙度 | 10 | 每超差一级扣 5 分 | | | | | | |
| 5 | | 整体外观 | 15 | 1．严重不协调扣 10 分；2．一般不协调扣 5 分 | | | | | | |
| 6 | 工具使用 | 所用刀具、工件坐标系建立正确 | 10 | 1．对刀错误一次扣 5 分；2．撞刀一次扣 10 分 | | | | | | |
| 7 | 6S | 着装、卫生、工/量具摆放情况、安全 | 15 | 1．工装、帽子等防护用品穿戴不符合规范要求每次扣 5 分；2．实训期间串岗、打闹、玩手机或看无关书籍每次扣 5 分；3．违反设备操作规程每次扣 5 分；4．实训后不能保持场地、设备、工/量具等整齐有序每次扣 5 分 | | | | | | |
| 8 | 总分 | | | | | | | | | |

# 参 考 文 献

1．蔡福洲，谢永权．金工实习[M]．北京：电子工业出版社，2015．

2．江龙，洪超．工程基础训练[M]．南京：东南大学出版社，2018．

3．方海生．金工实习[M]．成都：电子科技大学出版社，2014．

4．王飞．金工实训（第 2 版）[M]．北京：北京邮电大学出版社，2021．

5．顾其俊．数控机床操作与编程[M]．北京：印刷工业出版社，2011．